高等院校计算机技术与应用系列规划教材

Python 程序设计教程

主　编　胡建华

副主编　李英杰　鄢　旭　宋广佳

　　　　刘福泉　王宇熙

ZHEJIANG UNIVERSITY PRESS

浙江大学出版社

图书在版编目（CIP）数据

Python 程序设计教程 / 胡建华主编. —杭州：浙
江大学出版社，2019.3(2024.7 重印)

ISBN 978-7-308-18989-7

Ⅰ.①P… Ⅱ.①胡… Ⅲ.①软件工具—程序设计—
教材 Ⅳ.①TP311.561

中国版本图书馆 CIP 数据核字（2019）第 035612 号

Python 程序设计教程

主　　编　胡建华

副主编　李英杰　鄢　旭　宋广佳　刘福泉　王宇熙

责任编辑　王元新

责任校对　徐　霞　李　晓

封面设计　刘依群

出版发行　浙江大学出版社

　　　　　　（杭州市天目山路 148 号　邮政编码 310007）

　　　　　　（网址：http://www.zjupress.com）

排　　版　杭州青翊图文设计有限公司

印　　刷　绍兴市越生彩印有限公司

开　　本　787mm×1092mm　1/16

印　　张　9.5

字　　数　243 千

版 印 次　2019 年 3 月第 1 版　2024 年 7 月第 6 次印刷

书　　号　ISBN 978-7-308-18989-7

定　　价　29.00 元

前　　言

　　本书主要作为高校计算机公共基础课——Python 语言程序设计的教材。随着人工智能的飞速发展，Python 语言以其简单实用、支持大量科学计算及智能算法库等特点迅速流行起来，2018 年的全国计算机等级考试也有了 Python 模块。目前，市面上 Python 的书籍已有很多，但大多数书籍内容较深，也有部分书籍内容组织不够严谨，语法体系不够清晰，不适合作为计算机公共基础课教材。

　　本书的特色是简洁明了，适用于文、理科各专业学生。本书紧扣全国计算机等级考试（二级）——Python 模块的主要内容，深入浅出地介绍 Python 语言的主要语法及编程的基本思想和方法；同时较详细地介绍 Python 计算生态常用库的安装及使用；最后通过单独一章综合实训，培养学生使用 Python 解决实际问题及进行数据分析的实战能力。本书的重点或难点章节均有视频教学资源，读者可以通过扫描二维码下载资源。每章后均有习题，以帮助读者更好地掌握各章知识点。本书既适合作为高校计算机公共基础课教材，也适合作为 Python 爱好者的入门教材。

　　本书共分为八章，包括 Python 语言概述，数据类型、运算符与表达式，程序控制结构，Python 序列与字典，Python 函数与模块，Python 文件操作，Python 常用模块，综合实训。

　　本书的编写分工为：胡建华编写第 1、2 章，刘福泉编写第 3 章，李英杰编写第 4、5 章，宋广佳编写第 6、7、8 章。全书由鄢旭、王宇熙审阅修订。

　　在本书编写过程中，参考了很多相关资料及网络文献，已在参考文献中列出。限于编者水平，书中难免存在不当之处，敬请广大读者指正。

编者

2018 年 11 月

目　　录

第 1 章

Python 语言概述

本章主要讲述计算机的组成及其基本工作原理等基础知识、程序的概念、Python 的历史及特点、Python 的安装及基本使用方法；重点要理解程序的概念，掌握 Python 程序的基本结构及 IDLE 编辑器的使用。

1.1 计算机基础知识

1.1.1 计算机的发展历史

1946 年，世界上公认的第一台电子计算机 ENIAC(见图 1-1)诞生于美国的宾夕法尼亚大学。它使用的主要电子器件是电子管。它的诞生标志着现代电子计算机时代的来临。

图 1-1　第一台电子计算机

按照采用的电子器件的不同,计算机分为 4 代:

第 1 代计算机(1946—1958 年),其主要的电子器件是电子管。

第 2 代计算机(1959—1964 年),其主要的电子器件是晶体管。

第 3 代计算机(1965—1970 年),其主要的电子器件是中小规模集成电路。

第 4 代计算机(1971 年至今),其主要的电子器件是大规模和超大规模集成电路。

目前,计算机的应用主要包括以下几个方面:

(1)科学计算(数值计算)。

(2)数据处理(信息管理)。

(3)过程控制(实时控制)。

(4)计算机辅助工程,主要包括计算机辅助设计(CAD)、计算机辅助制造(CAM)、计算机辅助教学(CAI)和计算机辅助测试(CAT)。

1.1.2 计算机系统的组成

美籍匈牙利科学家冯·诺依曼提出了计算机五大部件和存储程序思想。五大部件指运算器、控制器、存储器、输入设备和输出设备。存储程序思想指把计算机的工作过程描述为由许多命令按照一定的顺序组成的程序,然后把程序和数据一起输入计算机,计算机对已存入的程序和数据处理后,输出结果。

一个完整的计算机系统包括硬件系统和软件系统两大部分,如图 1-2 所示。

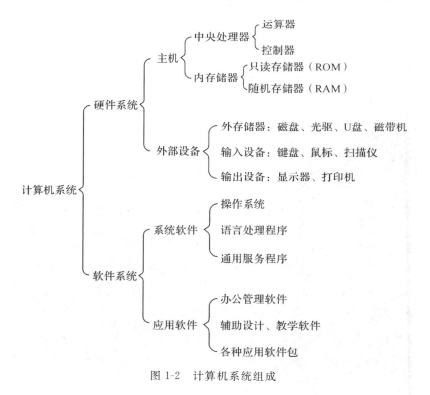

图 1-2　计算机系统组成

1. 硬件系统

硬件是组成一台计算机的各种物理装置。硬件系统包括运算器、控制器、存储器、输入设备和输出设备五大部分。通常，把运算器和控制器合在一起称为中央处理器，中央处理器和主存储器合在一起称为主机，输入设备和输出设备合称为外部设备。

2. 软件系统

软件是计算机运行所需要的各种程序、数据以及相关文档的总称。软件系统由系统软件和应用软件组成。

1.2　什么是程序

简单地说，程序就是指令的有序集合，是人们为了让计算机完成一个任务给计算机下达的命令集。例如，老师叫李明同学把教室的门关上，那么李明同学会怎么做呢？他为了完成这个任务，要做如下动作：①站起来；②转向门；③走过去；④伸手关门；⑤转向座位；⑥走回去坐下。每个动作就是一个指令，把它们按照①—②—③—④—⑤—⑥的顺序排列起来，就能完成关门的任务，这就是程序。大家思考一下，如果不按照上面的顺序能完成关门任务吗？肯定是不行的，所以，指令的顺序是非常重要的，这体现了程序设计的逻辑性。在后面的章节，我们会学到顺序、分支、循环三种逻辑结构。当你遇到一个任务，能够利用编程语言的指令，通过上述三种逻辑结构完成该任务，那么你就学会了程序设计。

1.3　Python 的发展历史及特点

Python 是一种解释型、面向对象、动态数据类型的高级程序设计语言，是由 Guido van Rossum 在 1989 年年底发明的，第一个公开发行版本发行于 1991 年。Python 源代码遵循 GPL(General Public License，通用公共许可证)协议。

由于历史原因，Python 目前存在 Python 2. x 与 Python 3. x 两个版本。Python 3.0 版本常被称为 Python 3000，简称 Py3k，相对于 Python 的早期版本，这是一个较大的升级。为了不带入过多的累赘，Python 3.0 在设计时没有考虑向下兼容。许多针对早期 Python 版本设计的程序都无法在 Python 3.0 上正常执行。为了照顾现有程序，Python 2.6 作为一个过渡版本，基本使用了 Python 2. x 的语法和库，同时考虑了向 Python 3.0 的迁移，允许使用部分 Python 3.0 的语法与函数。由于 Python 3. x 版本功能设计更合理，所以目前主流应用都采用 Python 3. x 系列，全国计算机等级考试(二级)Python 模块也采用 Python 3. x 系列。本书采用了 Python 3. 5 版本。

Python 语言具有以下特点：

(1)易于学习：Python 有相对较少的关键字，结构简单，学习起来十分轻松。

(2)易于阅读：Python 代码定义十分清晰。

(3)易于维护：Python 的源代码相当容易维护。

(4)一个广泛的标准库：Python 的优势之一是具有丰富的库，并且是跨平台的，在 Unix、Windows 和 Mac OS X 兼容很好。

(5)互动模式：您可以从终端输入执行代码并获得结果，互动地测试和调试代码片断。

（6）可移植：基于其开放源代码的特性，Python 已经被移植（也就是使其工作）到许多平台。

（7）可扩展：如果你需要一段运行很快的关键代码，或者是想要编写一些不愿开放的算法，你可以使用 C 或 C++ 完成那部分程序，然后从你的 Python 程序中调用。

（8）数据库：Python 提供所有主要的商业数据库的接口。

（9）GUI 编程：Python 支持 GUI 编程，可以移植到多个系统中。

（10）可嵌入：可以将 Python 嵌入到 C 或 C++ 程序，让用户获得"脚本化"的能力。

1.4　Python 的安装

1-1 演示 Python 的
下载及安装

Python 3.x 可安装在多个平台上，包括 Windows、Linux 和 Mac OS X 等。本书使用 Windows 平台。

1.4.1　下载 Python 安装程序

打开 Web 浏览器访问 https://www.python.org/downloads/windows，下载 executable installer，x86 表示 32 位 OS，x86-64 表示 64 位 OS，如图 1-3 所示。

Python Releases for Windows

- Latest Python 3 Release - Python 3.7.0
- Latest Python 2 Release - Python 2.7.15

- Python 3.7.0 - 2018-06-27
  - Download Windows x86 web-based installer
  - Download Windows x86 executable installer
  - Download Windows x86 embeddable zip file
  - Download Windows x86-64 web-based installer
  - Download Windows x86-64 executable installer
  - Download Windows x86-64 embeddable zip file
  - Download Windows help file
- Python 3.6.6 - 2018-06-27
  - Download Windows x86 web-based installer

图 1-3　下载界面

1.4.2　设置环境变量

右键单击"计算机"，然后单击"属性"，再点击"高级系统设置"；双击"系统变量"窗口下面的"Path"；然后在"Path"行添加 Python 安装路径（比如 D:\Python 32）。注意：路径直接用分号";"隔开，如图 1-4 所示。

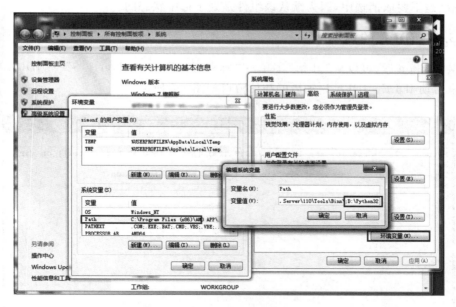

图 1-4　设置环境变量

设置成功以后,在 cmd 命令行输入命令"Python",就可以执行 Python。

如表 1-1 所示为几个重要的环境变量。

表 1-1　重要的环境变量

变量名	描述
PYTHONPATH	PYTHONPATH 是 Python 搜索路径,默认输入的模块都会从 PYTHONPATH 里面寻找
PYTHONSTARTUP	Python 启动后,先寻找 PYTHONSTARTUP 环境变量,然后执行此变量指定的文件中的代码
PYTHONCASEOK	加入 PYTHONCASEOK 的环境变量,就会使 Python 导入模块时不区分大小写
PYTHONHOME	另一种模块搜索路径。它通常内嵌于 PYTHONSTARTUP 或 PYTHONPATH 目录中,使得两个模块库更容易切换

1.5　IDLE 使用

IDLE 是 Python 软件包自带的一个集成开发环境,利用它可以方便地创建、运行、测试和调试 Python 程序。

1.5.1　IDLE 的安装

实际上,IDLE 是跟 Python 一起安装的,不过安装时要确保选中了"Tcl/Tk"组件,准确地说,应该是不要取消选中,因为默认该组件是处于选中状态的。

1.5.2　IDLE 的启动

安装 Python 后,可以从"开始"菜单→"所有程序"→"Python 3.5"→"IDLE(Python GUI)"来启动 IDLE。IDLE 启动后的初始窗口如图 1-5 所示。

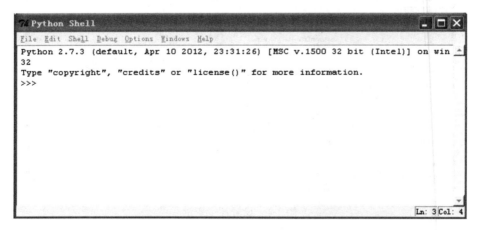

图 1-5　IDEL 界面

启动 IDLE 后,首先映入眼帘的是它的 Python Shell,我们通过它可以在 IDLE 内部执行 Python 命令。除此之外,IDLE 还带有一个编辑器用来编辑 Python 程序(或者脚本),一个交互式解释器用来解释执行的 Python 语句,一个调试器用来调试 Python 脚本。

1.5.3　利用 IDLE 编辑器创建 Python 程序

IDLE 为开发人员提供了许多有用的特性,如自动缩进、语法高亮显示、单词自动完成以及命令历史等,在这些功能的帮助下,能够有效地提高开发效率。要新建一个文件,首先从"File"菜单中选择"New Window"菜单项,这样就可以在出现的窗口中输入程序的代码了。现在就让我们输入下面的代码来亲自体验一下 IDLE 编辑器所提供的各种便利吧。

示例程序的源代码如下:

```
♯ 提示用户进行输入
x = input('请输入一个整数:')
x = int(x)
y = input('请再次输入一个整数:')
y = int(y)
if x > y:
    print('%d > %d' %(x,y))
else:
    print('%d <= %d' %(x,y))
```

（1）自动缩进。实际上，很少有哪种语言能像 Python 这样重视缩进了，在其他语言比如 C 语言，缩进对于代码的编写来说是"有了更好"，而不是"没有不行"，它充其量是一个个人书写代码的风格问题；但是到了 Python 语言，则把缩进提升到了一种语法的高度。复合语句不是用大括号"{}"之类的符号表示，而是通过缩进来表示。这样做的好处就是减少了程序员的自由度，有利于统一风格，使得人们在阅读代码时会更加轻松。为此，IDLE 提供了自动缩进功能，它能将光标定位到下一行的指定空距处。当我们键入与控制结构对应的关键字，如 if 等时，按下回车键后 IDLE 就会启动自动缩进功能，如图 1-6 所示。

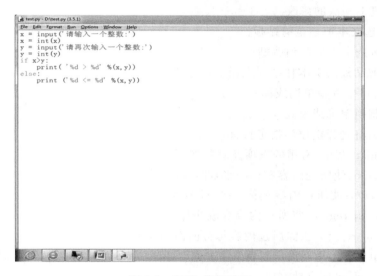

图 1-6　IDEL 编辑界面

当我们在 if 关键字所在行的冒号后面按回车键之后，IDLE 自动进行了缩进。一般情况下，IDLE 将代码缩进一级，即 4 个空格。如果想改变这个默认的缩进量的话，可以从"Format"菜单选择"New indent width"项来进行修改。对初学者来说，需要注意的是，尽管自动缩进功能非常方便，但是我们不能完全依赖它，因为有时候自动缩进未必完全符合我们的心意，所以还需要仔细检查。

（2）语法高亮显示。语法高亮显示就是给代码中不同的元素使用不同的颜色显示。默认时，关键字显示为橘红色，注释显示为红色，字符串显示为绿色，定义和解释器输出显示为蓝色，控制台输出显示为棕色。在键入代码时，会自动应用这些颜色突出显示。语法高亮显示的好处是，可以更容易区分不同的语法元素，从而提高可读性；与此同时，语法高亮显示还降低了出错的可能性。比如，如果输入的变量名显示为橘红色，那么您就需要注意了，这说明该名称与预留的关键字有冲突，所以必须给变量更换名称。

（3）单词自动完成。单词自动完成是指当用户输入单词的一部分后，从"Edit"菜单选择"Expand word"菜单项，或者直接按 Alt＋/组合键自动完成该单词。有时候我们只记住了函数的开头几个字母，这时该怎么办？没关系，从"Edit"菜单选择"Show completetions"菜单项，IDLE 就会给出一些提示。这时只要按下回车键，IDLE 就会自动完成此函数名。如果不合适的话，还可以通过"↑""↓"方向键进行查找。

创建好程序之后，从"File"菜单中选择"Save"保存程序。如果是新文件，会弹出"Save

as"对话框,我们可以在该对话框中指定文件名和保存位置。保存后,文件名会自动显示在屏幕顶部的蓝色标题栏中。如果文件中存在尚未存盘的内容,标题栏的文件名前后会有星号(＊)出现。

1.5.4 常用编辑功能详解

对于"Edit"菜单,除了上面介绍的几个选项之外,其他常用的选项及解释如下:

Undo:撤销上一次的修改。

Redo:重复上一次的修改。

Cut:将所选文本剪切至剪贴板。

Copy:将所选文本复制到剪贴板。

Paste:将剪贴板的文本粘贴到光标所在位置。

Find:在窗口中查找单词或模式。

Replace:替换单词或模式。

Go to line:将光标定位到指定行首。

对于"Format"菜单,常用的选项及解释如下:

Indent region:使所选内容右移一级,即增加缩进量。

Dedent region:使所选内容左移一级,即减少缩进量。

Comment out region:将所选内容变成注释。

Uncomment region:去除所选内容每行前面的注释符。

New indent width:重新设定制表位缩进宽度,范围为 2~16,宽度为 2 相当于 1 个空格。

Expand word:单词自动完成。

Toggle tabs:打开或关闭制表位。

1.5.5 在 IDLE 中运行 Python 程序

要使用 IDLE 执行程序的话,可以从"Run"菜单中选择"Run Module"菜单项,该菜单项的功能是执行当前文件。对于前面的示例程序,执行情况如图 1-7 所示。

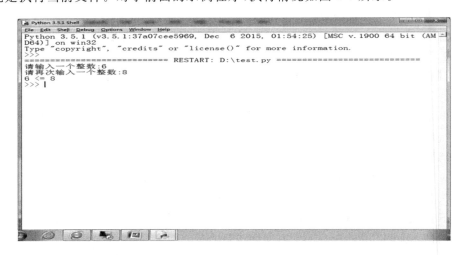

图 1-7　IDLE 运行界面

1.5.6　使用 IDLE 的调试器

在软件开发过程中,总免不了这样或那样的错误,其中有语法方面的,也有逻辑方面的。对于语法错误,Python 解释器能很容易地检测出来,这时它会停止程序的运行并给出错误提示。对于逻辑错误,解释器就鞭长莫及了,这时程序会继续执行下去,但得到的运行结果是错误的。所以,我们常常需要对程序进行调试。

最简单的调试方法是直接显示程序数据,如可以在某些关键位置用 print 语句显示出变量的值,从而确定有没有出错。但是这个办法比较麻烦,因为开发人员必须在所有可疑的地方都插入打印语句。等到程序调试完后,还必须将这些打印语句全部清除,这太啰嗦了。因此,我们常用调试器来进行调试。利用调试器,我们可以分析被调试程序的数据,并监视程序的执行流程。调试器的功能包括暂停程序执行、检查和修改变量、调用方法而不更改程序代码等。

在"Python Shell"窗口中单击"Debug"菜单中的"Debugger"菜单项,就可以启动 IDLE 的交互式调试器。这时,IDLE 会打开"Debug Control"窗口,并在"Python Shell"窗口中输出"[DEBUG ON]",并且后面跟一个">>>"提示符。这样,我们就能像平时那样使用这个"Python Shell"窗口了,只不过现在输入的任何命令都是允许在调试器下进行的。我们可以在"Debug Control"窗口查看局部变量和全局变量等有关内容。如果要退出调试器的话,可以再次单击"Debug"菜单中的"Debugger"菜单项,IDLE 会关闭"Debug Control"窗口,并在"Python Shell"窗口中输出"[DEBUG OFF]"。

1.5.7　IDLE 设置

使用 Options 菜单的 Configure IDLE 选项可以对 IDLE 字体等进行设置,如图 1-8 所示。

图 1-8　Python 设置界面

IDLE 的命令历史可以记录会话期间在命令行中执行过的所有命令。在提示符下，可以按 Alt＋P 组合键找回这些命令，每按一次，IDLE 就会从最近的命令开始检索命令历史，按命令使用的顺序逐个显示。按 Alt＋N 组合键，则可以反方向遍历各个命令，即从最初的命令开始遍历。

1.6　初识 Python 程序

1-2 第一个 Python 程序

本节学习 Python 程序的书写规则及基本语法，这是 Python 程序设计的基础。

1.6.1　第一个 Python 程序

【例 1-1】　任意输入一个圆的半径 r，求圆面积。

程序代码如下：

```
r = int(input('请输入圆的半径:'))
s = 3.14 * r * r
print('圆的面积 =',s)
```

说明：input()函数在屏幕上显示输入窗口，参数会作为提示信息显示在屏幕上。

int()函数把输入的字符串转化为整数。

"＝"是赋值运算符，把左边的数据赋值给右边的变量。

"＊"表示乘法，π 取 3.14。

print()为打印函数，把参数显示在屏幕上；若显示多个数据，中间用"，"分隔。

1.6.2　Python 程序的基本规则

1. 行和缩进对齐

在 Python 中，语句从解释器提示符后的第一列开始，前面不能有任何空格，否则会产生语法错误。每个语句行以回车符结束。可以在同一行中使用多条语句，语句之间用分号（；）分隔。例如：

```
>>> x = 'f = ';f = 100;print(x,f);
    f = 100
```

Python 通过缩进对齐反映语句的逻辑关系，从而区分不同的语句块。缩进可以由任意的空格或制表符组成，缩进长度不受限制，一般为 4 个空格或一个制表符。一个语句块需要保持一致的缩进量，这是 Python 与其他语言最大的区别。

2. 多行语句

如果语句太长，可以使用反斜杠"\"将一行语句分成多行显示，例如：

```
>>> x = 1 + 1/3 + 1/5 + 1/7 + 1/9 + \
    1/11 + 1/13
```

如果在语句中包含"（）""［］""｛｝"，则不需要使用续行符，例如：

```
>>> def  f1(
    ):return 20
>>> f1()
20
```

3. Python 注释

程序中单行注释使用"#"开头,注释可以用在语句的末尾,也可以单独一行;多行注释,可以使用三引号 ''' 把要注释的内容括起来。

1.6.3　Python print( )格式化输出

(1)Python print( )可以直接输出字符串、数值、布尔、列表和字典等类型的数据。例如:

```
>>> print("Hello")          # 输出字符串
Hello
>>> print(100)              # 输出数字
100
>>> str = ' Hello '
>>> print(str)              # 输出变量
Hello
>>> L = [1,2,'a']           # 列表
>>> print(L)
[1, 2, 'a']
>>> t = (1,2,'a')           # 元组
>>> print(t)
(1, 2, 'a')
>>> d = {'a':1, 'b':2}      # 字典
>>> print(d)
{'a': 1, 'b': 2}
```

(2)Python print( )也可以进行格式化输出,类似 C 语言中的 printf( )函数。

关于格式化输出,控制符如下:

①%字符:标记转换说明符的开始。

②转换标志:一表示左对齐;+表示在转换值之前要加上正负号;" "(空白字符)表示正数之前保留空格;0 表示转换值若位数不够则用 0 填充。

③最小字段宽度:转换后的字符串至少应该具有该值指定的宽度。如果是 *,则宽度会从值元组中读出。

④点(.)后跟精度值:如果转换的是实数,精度值就表示小数点后的位数。如果转换的是字符串,那么该数字就表示最大字段宽度。如果是 *,则精度将从元组中读出。

⑤字符串格式化转换类型(见表 1-2)。

表 1-2 字符串格式化转换类型

转换类型	含义
d,i	带符号的十进制整数
o	不带符号的八进制数
u	不带符号的十进制数
x	不带符号的十六进制数(小写)
X	不带符号的十六进制数(大写)
e	科学计数法表示的浮点数(小写)
E	科学计数法表示的浮点数(大写)
f,F	十进制浮点数
g	如果指数大于 −4 或者小于精度值,则和 e 相同,其他情况和 f 相同
G	如果指数大于 −4 或者小于精度值,则和 E 相同,其他情况和 F 相同
C	单字符(接受整数或者单字符字符串)
r	字符串(使用 repr 转换任意 Python 对象)
s	字符串(使用 str 转换任意 Python 对象)

例如:

```
>>> str = "the length of (%s) is %d" %('Hello',len('Hello'))
>>> print(str)
the length of (Hello) is 5
>>> pi = 3.141592653
>>> print('%10.3f' % pi) #字段宽 10,精度 3
    3.142
>>> print("pi = %.*f" % (3,pi))
#用 * 从后面的元组中读取字段宽度或精度
pi = 3.142
>>> print('%010.3f' % pi) #用 0 填充空白
000003.142
>>> print('%-10.3f' % pi) #左对齐
3.142
>>> print('%+f' % pi) #显示正负号
+3.141593
```

(3)如何让 print 不换行?

在 Python 中总是默认换行的:

```
print(x,end='') 可以不换行
```

(4)print(value,...,sep = ' ',end = '\n'),其中：

end——指定在参数末尾打印什么,默认换行。

sep——指定在参数中间打印什么来间隔,默认空格。

(5)格式化输出十六进制、十进制、八进制整数：

```
    % x - - - hex 十六进制
    % d - - - dec 十进制
    % o - - - oct 八进制
    >>> nHex = 0xFF
    >>> print("nHex = % x,nDec = % d,nOct = % o"  % (nHex,nHex,
nHex))
    nHex = ff,nDec = 255,nOct = 377
```

1.7　习　题

1.问答题

(1)什么是程序？

(2)计算机主机由哪几部分组成？ 每部分的主要作用是什么？

(3)简述 Python 程序的基本特点。

2.编程题

(1)编写程序,任意输入长、宽、高,求长方体的体积。

(2)编写程序,任意输入半径和高,求圆锥的体积。

第 2 章

数据类型、运算符与表达式

本章主要介绍 Python 的标识符、数据类型、变量、常量、运算符、表达式、内置函数及 Python 常用标准库等,最后介绍数制及编码的相关知识。

2.1 标识符

标识符是一种标识变量、常量、函数、类等语言构成单位的符号,利用它可以完成对变量、常量、函数、类等的引用。Python 标识符分为两种:一种是用户自定义的标识符;另一种是系统保留的标识符,称为关键字或保留字。

2.1.1 用户自定义的标识符的命名规则

(1)第一个字符必须是字母表中字母或下划线。

(2)标识符其他部分由字母、数字和下划线组成。

(3)标识符对大小写十分敏感。

(4)不能与保留字同名。

在 Python 3.x 中,非 ASCII 标识符也是被允许的。在默认情况下,Python 3 源码文件以 UTF-8 编码,所有字符串都是 unicode 字符串。注意:Python 2.x 默认使用 ASCII 编码,处理中文时经常出现乱码。要把程序的编码格式改成 UTF-8,可以在程序前面添加注释语句:

```
# - * -coding: UTF - 8 - * -
```

告诉 Python 解释器,后面的代码使用 UTF-8 编码格式。

合法的自定义标识符如下:

```
x,x1,y_1,姓名,年龄
```

不合法的自定义标识符如下:

1x——不能以数字开头;

if——不能用关键字;

@3——@是非法字符;

A,a 不是同一个标识符,Python 是区分大小写的。

2.1.2　关键字

关键字也称为保留字,是系统定义的代表特殊含义的标识符。Python 的标准库提供了一个 keyword 模块,可以输出当前版本的所有关键字:

```
>>> import keyword
>>> keyword.kwlist
['False', 'None', 'True', 'and', 'as', 'assert', 'break', 'class',
'continue', 'def', 'del', 'elif', 'else', 'except', 'finally', 'for',
'from', 'global', 'if', 'import', 'in', 'is', 'lambda', 'nonlocal',
'not', 'or', 'pass', 'raise', 'return', 'try', 'while', 'with',
'yield']
```

这些关键字的用法在以后的章节会逐步介绍。

2.2　Python 的数据类型

计算机能处理数值、文字、图形图像、声音、视频等不同类型的数据,这些数据都要保存在计算机存储器中。不同类型的数据的长度和格式不同,因此我们必须定义不同的数据类型来保存不同的数据。

Python 3.x 中有 6 个标准的数据类型:Number(数值)、String(字符串)、List(列表)、Tuple(元组)、Set(集合)、Dictionary(字典)。它们可分为两大类:

(1)不可变数据(3 个)——Number(数值)、String(字符串)、Tuple(元组)。

(2)可变数据(3 个)——List(列表)、Set(集合)、Dictionary(字典)。

本章主要介绍 Number(数值)、String(字符串),其他类型在后续章节中介绍。

2.2.1　数值类型

Python 3.x 数值类型有四种:int、float、bool、complex(复数)。注意:在 Python 3.x 里,只有一种整数类型 int,没有 Python 2.x 中的 Long 长整型。内置的 type() 函数可以用来查询对象的数据类型,例如:

```
>>> a, b, c, d = 20, 5.5, True, 4 + 3j
# 说明:Python 可以同时为多个变量赋值
>>> print(type(a), type(b), type(c), type(d))
< class 'int' > < class 'float' > < class 'bool' > < class
'complex' >
```

注意:Python 中逻辑值(bool 类型)可以使用保留字 True 和 False 来表示(首字母大写),但由于 bool 是 int 的子类(继承 int),因此它们也可以参加数值计算,即 True＝1,False＝0,例如:

```
>>> print(True + 1)
2
>>> print(False + 1)
1
>>> print(False == 0)
True
```

数值类型的对象主要通过算术运算符参与数学运算,本章后续内容会介绍。

2.2.2 字符串类型

Python 中用单引号、双引号或者三引号括起来的字符序列称为字符串。比如'Hello'、"Python"、''' 中国 ''' 等,用单引号或者双引号没有任何区别,只是用什么引号开头,就必须用什么引号结尾。三引号主要用于创建多行字符串,例如:

```
>>> s = ''' 中国
浙江省
杭州市
'''
>>> print(s)
中国
浙江省
杭州市
```

字符串主要用来存储及操作文本。Python 提供了丰富的功能进行字符串操作,如合并、截取、大小写转换等,这些将在后续章节介绍。

2.3 常量与变量

2.3.1 常 量

常量是指在程序运行过程中值固定的量。

在 Python 中,常量也称为字面量,不同的数据类型,常量的表示方法不同。目前我们学过的 Number、String 类型常量表示如下:

```
int -- 1, - 3,389000
float -- 1.0, - 3.5,3.1415926
complex -- 4 + 3j, - 5 - 2j
bool -- Ture,False
str -- 'abc',"中国"
```

注意事项:

(1)float、complex 类型常量可以用 e 表示:

```
>>> x = 1e3
>>> type(x)
< class 'float' >
>>> print(x)
1000.0
```

(2)int 类型常量可以使用二进制、十六进制、八进制形式：

0b 开头表示二进制数，如 0b1001、0b0110。

0x 开头表示十六进制数，如 0x1f、0xabcd。

0 开头表示八进制数，如 035、011。

数制的相关知识，本章后续内容会介绍。

2.3.2　变　量

变量是指在程序运行过程中值可以发生改变的量。

Python 是一种动态类型语言，即变量不需要显式声明数据类型。每个变量在使用前都必须赋值，变量第一次被赋值后，该变量才会被创建。重新给变量赋值，只是创建了一个新的对象，并用变量指向它。例如：

```
>>> x = 3
>>> print(x)
3
>>> x = "abc"
>>> print(x)
abc
```

等号"＝"称为赋值运算符，用来给变量赋值。赋值运算符左边是一个变量名，右边是存储在变量中的值。变量指向的对象是最后一次给它赋值的对象。

Python 中任何数据都是对象；变量是一个指向对象的引用（说明：引用的内容可以是地址，也可以是表示某地址的一个索引号）。当一个对象没有被任何变量引用时，它会被 Python 自动回收。

Python 允许在一条语句中对多个变量赋值；既可以赋值给同一个对象，也可以赋值给不同的对象，例如：

```
a = b = c = 1    ♯ a,b,c 三个变量指向同一个对象 1
a,b,c = 1, - 5.6,"中国"    ♯ a,b,c 指向三个不同类型的对象
```

del 关键字可以删除变量，如 del a,b。

2.4　运算符

运算符是实现某种运算的符号，也是构成表达式的连接符号。运算符可以根据它所作用的操作数的个数分为一元运算符和二元运算符。运算符还可以根据其实现的功能分为算术运算符、比较运算符、逻辑运算符、身份运算符等。下面介绍常用运算符的概念及其使

用方法。为了简洁,本节均假设变量 a 为 10,变量 b 为 20。

2.4.1 算术运算符

算术运算符是指用来进行数值运算的符号。Python 中的算术运算符有加(＋)、减(－)、乘(＊)、除(/)、幂(＊＊)、取商(//)、取余(％)、取负数(－)。下面给出各种算术运算符的使用示例,如表 2-1 所示。

表 2-1　算术运算符

运算符	描述	实例
＋	加:两个对象相加	a＋b 输出结果 30
－	减:得到负数或是一个数减去另一个数	a－b 输出结果－10
＊	乘:两个数相乘或是返回一个被重复若干次的字符串	a＊b 输出结果 200
/	除:x 除以 y	b / a 输出结果 2
％	取余:返回除法的余数	b ％ a 输出结果 0
＊＊	幂:返回 x 的 y 次幂	a＊＊b 为 10 的 20 次方
//	取整除:向下取接近商的整数	>>> 9//2 4 >>>－9//2 －5

注意:Python 2.x 里,整数除整数,只能得出整数。如果要得到小数部分,就要把其中一个数改成浮点数。

```
>>> 1/2
0
>>> 1.0/2
0.5
>>> 1/float(2)        ♯float()把整数对象转换为浮点数对象
0.5
```

2.4.2 比较运算符

比较运算符用来表示两个或多个值或表达式之间的关系,包括等于(＝＝)、不等于(!＝)、大于(>)、小于(<)、大于等于(>＝)、小于等于(<＝)。用比较运算符连接起来的表达式称为关系表达式,其结果为一个 bool 型数据,即 True 或 False,如果关系表达式成立,则其逻辑值为 True,否则为 False。比较运算符的种类及其示例如表 2-2 所示。

表 2-2　比较运算符

运算符	描述	实例
＝＝	等于:比较对象是否相等	a＝＝b,返回 False

运算符	描述	实例
! =	不等于:比较两个对象是否不相等	a != b,返回 True
>	大于:返回 x 是否大于 y	a > b,返回 False
<	小于:返回 x 是否小于 y。所有比较运算符返回 1 表示真,返回 0 表示假。这分别与特殊的变量 True 和 False 等价	a < b,返回 True
>=	大于等于:返回 x 是否大于等于 y	a >= b,返回 False
<=	小于等于:返回 x 是否小于等于 y	a <= b,返回 True

2.4.3　逻辑运算符

逻辑运算符用来执行表达式之间的逻辑操作,判断运算时的真假,其执行结果为 bool 型,即为 True 或 False。常见的逻辑运算符有逻辑非(not)、逻辑与(and)、逻辑或（or）。逻辑运算符的优先级及其示例如表 2-3 所示。

表 2-3　逻辑运算符

运算符	逻辑表达式	描述	实例
and	x and y	布尔"与":如果 x 为 False,返回 False,否则返回 y 的计算值	a and b,返回 20
or	x or y	布尔"或":如果 x 为 True,返回 x 的值,否则返回 y 的计算值	a or b,返回 10
not	not x	布尔"非":如果 x 为 True,返回 False;如果 x 为 False,返回 True	not(a and b) 返回 False

2.4.4　身份运算符

身份运算符用于比较两个对象的存储单元,如表 2-4 所示。

表 2-4　身份运算符

运算符	描述	实例
is	is 是判断两个标识符是不是引用自一个对象	x is y,类似 id(x) == id(y),如果引用的是同一个对象,则返回 True,否则返回 False
is not	is not 是判断两个标识符是不是引用自不同对象	x is not y,类似 id(a) != id(b)。如果引用的不是同一个对象,则返回结果 True,否则返回 False

注:id()函数用于获取对象内存地址。

2.4.5　Python 成员运算符

除了以上的一些运算符之外,Python 还支持成员运算符。测试实例中包含了一系列的成员，包括字符串、列表或元组。如表 2-5 所示。

表 2-5　成员运算符

运算符	描述	实例
in	如果在指定的序列中找到值返回 True，否则返回 False	x in y 序列中，如果 x 在 y 序列中返回 True
not in	如果在指定的序列中没有找到值返回 True，否则返回 False	x not in y 序列中，如果 x 不在 y 序列中返回 True

2.4.6　赋值运算符及复合赋值运算符

赋值运算符（＝）用来给变量或对象的属性赋值。例如，x＝1，将 1 赋值给变量 x。
复合赋值运算符是把算术运算符与赋值运算符结合起来，如表 2-6 所示。

表 2-6　赋值运算符及复合赋值运算符

运算符	描述	实例
=	简单的赋值运算符	c＝a＋b，将 a＋b 的运算结果赋值为 c
+＝	加法赋值运算符	c＋＝a 等效于 c＝c＋a
－＝	减法赋值运算符	c－＝a 等效于 c＝c－a
*＝	乘法赋值运算符	c *＝a 等效于 c＝c * a
/＝	除法赋值运算符	c /＝a 等效于 c＝c / a
%＝	取模赋值运算符	c %＝a 等效于 c＝c % a
**＝	幂赋值运算符	c **＝a 等效于 c＝c ** a
//＝	取整除赋值运算符	c //＝a 等效于 c＝c // a

2.4.7　Python 按位运算符

按位运算符是把数字看作二进制来进行计算的。在表 2-7 中，假设变量 a 为 60，b 为 13，二进制格式及运算如下：

a = 0011 1100
b = 0000 1101
a&b = 0000 1100
a|b = 0011 1101
a^b = 0011 0001
～a = 1100 0011

具体如表 2-7 所示。

表 2-7　位运算符

运算符	描述	实例
&	按位与运算符:参与运算的两个值,如果两个相应位都为 1,则该位的结果为 1,否则为 0	a & b,输出结果 12,二进制解释:0000 1100
|	按位或运算符:只要对应的两个二进制位有一个为 1 时,结果位就为 1	a | b,输出结果 61,二进制解释:0011 1101
^	按位异或运算符:当对应的两个二进制位相异时,结果为 1	a^b,输出结果 49,二进制解释:0011 0001
~	按位取反运算符:对数据的每个二进制位取反,即把 1 变为 0,把 0 变为 1。x 类似于 −x−1	~a,输出结果 −61,二进制解释:1100 0011,为一个有符号二进制数的补码形式。
<<	左移运算符:左边的运算数的各二进制位全部左移若干位。由 << 右边的数字指定了移动的位数,高位丢弃,低位补 0	a << 2,输出结果 240,二进制解释:1111 0000
>>	右移动运算符:把>>左边的运算数的各二进制位全部右移若干位,>> 右边的数字指定了移动的位数	a >> 2,输出结果 15,二进制解释:0000 1111

2.4.8　Python 运算符优先级

如表 2-8 所示列出了从最高到最低优先级的所有运算符。

表 2-8　运算符优先级

运算符	描述
**	指数(最高优先级)
~ + −	按位翻转,一元加号和减号(最后两个的方法名为 +@ 和 −@)
* / % //	乘,除,取余和取整除
+ −	加法,减法
>> <<	右移,左移运算符
&	按位与运算符
^ |	按位异或、按位或运算符
< = < > >=	比较运算符
<> == !=	等于运算符
= %= /= //= −= += *= **=	赋值运算符
is is not	身份运算符
in not in	成员运算符
not and or	逻辑运算符

2.5 表达式

表达式是用运算符把常量、变量、函数连接起来的式子。一个表达式中出现多种运算符时，其运算顺序为：先算术，后关系，再逻辑，分别称为算术表达式、关系表达式和逻辑表达式。把数学表达式转换为 Python 表达式，是学好 Python 很重要的基础能力。示例如表 2-9 所示。

2-1 表达式

表 2-9　数学表达式转换为 Python 表达式

数学表达式	Python 表达式
$2^3 + 5 \div 3 \times 2$	$2**3+5/3*2$
$x = \dfrac{-b - \sqrt{b^2 - 4ac}}{2a}$	$x = (-b - (b**2 - 4*a*c)**0.5)/(2*a)$
$2 < x \leqslant 8$	x > 2 and x <= 8
a 与 b 都不大于 1	a <= 1 and b <= 1

2.6 Python 内置函数

2-2 内置函数

在 Python 3.x 中有 60 多个内置函数，通过调用这些内置函数，可以减少程序代码设计者的编写工作。如表 2-10 所示列出了常用的内置函数。

表 2-10　常用内置函数

函数名	功能	举例
abs(x)	返回 x 的绝对值；x 为复数时返回模	abs(-3)返回 3 abs(3+4j)返回 5.0
pow(x,y)	返回 x 的 y 次幂	pow(2,3)返回 8
round(x,[n])	对浮点数进行四舍五入运算。第 2 个参数表示精确到小数点后的位数	round(3.567,2)返回 3.57
id(对象)	获取对象的内存地址	a = 'runoob' id(a)返回某地址
type(对象)	返回对象的类型	type("abc") 返回 < type 'str'>
eval(字符串)	执行一个字符串表达式	x = 7 eval('3 * x')返回 21
range(start, stop[, step])	返回一个可迭代对象。参数说明： start:开始，默认从 0 开始。 stop:结束，但不包括 stop。 step:步长，默认为 1	range(5) = [0,1,2,3,4] range(1,5) = [1, 2, 3, 4] range(1,7,2) = [1,3,5]

函数名	功能	举例
input(提示信息字符串)	函数接受一个标准输入数据,返回为 string 类型	input('r = ')
help([模块名|函数名])	用于查看函数或模块用途的详细说明	help() 进入帮助命令行 help('sys') sys 模块的帮助 help('str') 字符串数据类型的帮助

2.7　Python 3.x 标准库概览

除了内置函数,Python 3.x 还提供了丰富的库函数来方便我们使用。本节介绍常用的标准库。

2.7.1　操作系统接口

os 模块提供了不少与操作系统相关联的函数。例如:

```
>>> import os
>>> os.getcwd()          ＃ 返回当前的工作目录
'C:\Python 3.x4'
>>> os.chdir('/server/accesslogs')   ＃ 修改当前的工作目录
>>> os.system('mkdir today')    ＃ 执行系统命令 mkdir
0
```

建议使用 "import os" 风格而非 "from os import ＊"。这样可以保证随操作系统不同而有所变化的 os.open() 不会覆盖内置函数 open()。

在使用 os 这样的大型模块时内置的 dir() 和 help() 函数非常有用:

```
>>> import os
>>> dir(os)
< returns a list of all module functions >
>>> help(os)
< returns an extensive manual page created from the module's
docstrings >
```

针对日常的文件和目录管理任务,shutil 模块提供了一个易于使用的高级接口:

```
>>> import shutil
>>> shutil.copyfile('data.db', 'archive.db')
>>> shutil.move('/build/executables', 'installdir')
```

2.7.2　文件通配符

glob 模块提供了一个函数用于从目录通配符搜索中生成文件列表：

```
>>> import glob
>>> glob.glob('*.py')
['primes.py', 'random.py', 'quote.py']
```

2.7.3　命令行参数

通用工具脚本经常调用命令行参数。这些命令行参数以链表形式存储于 sys 模块的 argv 变量。例如,在命令行中执行 "python demo.py one two three" 后可以得到以下输出结果：

```
>>> import sys
>>> print(sys.argv)
['demo.py', 'one', 'two', 'three']
```

2.7.4　错误输出重定向和程序终止

sys 还有 stdin、stdout 和 stderr 属性,即使在 stdout 被重定向时,后者也可以用于显示警告和错误信息。

```
>>> sys.stderr.write('Warning, log file not found starting a
new one\n')
Warning, log file not found starting a new one
```

大多数脚本的定向终止都使用 "sys.exit()"。

2.7.5　字符串正则匹配

re 模块为高级字符串处理提供了正则表达式工具。对于复杂的匹配和处理,正则表达式提供了简洁、优化的解决方案：

```
>>> import re
>>> re.findall(r'\bf[a-z]*', 'which foot or hand fell
fastest')
['foot', 'fell', 'fastest']
>>> re.sub(r'(\b[a-z]+) \1', r'\1', 'cat in the hat')
'cat in the hat'
```

如果只需要简单的功能,应该首先考虑字符串方法,因为它们非常简单,易于阅读和调试：

```
>>> 'tea for too'.replace('too', 'two')
'tea for two'
```

2.7.6 数 学

math 模块为浮点运算提供了对底层 C 函数库的访问：

```
>>> import math
>>> math.cos(math.pi/4)
0.70710678118654757
>>> math.log(1024，2)
10.0
```

random 模块提供了生成随机数的工具：

```
>>> import random
>>> random.choice(['apple', 'pear', 'banana'])
'apple'
>>> random.sample(range(100)，10)
# sampling without replacement
[30，83，16，4，8，81，41，50，18，33]
>>> random.random()      # random float
0.17970987693706186
>>> random.randrange(6)
# random integer chosen from range(6)
4
```

2.7.7 访问互联网

有几个模块可用于访问互联网以及处理网络通信协议。其中，最简单的两个是用于处理从 urls 接收的数据的 urllib.request 以及用于发送电子邮件的 smtplib：

```
>>> from urllib.request import urlopen
>>> for line in urlopen('http://tycho.usno.navy.mil/cgi-bin/timer.pl'):
...     line = line.decode('utf-8')
# Decoding the binary data to text.
...     if 'EST' in line or 'EDT' in line:
# look for Eastern Time
...         print(line)

<BR>Nov.25, 09：43：32 PM EST

>>> import smtplib
>>> server = smtplib.SMTP('localhost')
```

```
    >>> server.sendmail('soothsayer@example.org', 'jcaesar@
example.org',
    ..."""To: jcaesar@example.org
    ...From: soothsayer@example.org
    ...
    ...Beware the Ides of March.
    ...""")
    >>> server.quit()
```

注意:第二个需要本地有一个正在运行的邮件服务器。

2.7.8 日期和时间

datetime 模块为日期和时间处理同时提供了简单和复杂的方法。

datetime 模块支持日期和时间算法的同时,实现的重点放在更有效地处理和格式化输出。

该模块还支持时区处理:

```
    >>> # dates are easily constructed and formatted
    >>> from datetime import date
    >>> now = date.today()
    >>> now
    datetime.date(2003,12,2)
    >>> now.strftime("%m-%d-%y. %d %b %Y is a %A on the %d
day of %B.")
    '12-02-03. 02 Dec 2003 is a Tuesday on the 02 day of
December.'
    >>> # dates support calendar arithmetic
    >>> birthday = date(1964,7,31)
    >>> age = now - birthday
    >>> age.days
    14368
```

2.7.9 数据压缩

以下模块直接支持通用的数据打包和压缩格式:zlib、gzip、bz2、zipfile 以及 tarfile。例如:

```
>>> import zlib
>>> s = b'witch which has which witches wrist watch'
>>> len(s)
41
>>> t = zlib.compress(s)
>>> len(t)
37
>>> zlib.decompress(t)
b'witch which has which witches wrist watch'
>>> zlib.crc32(s)
226805979
```

2.8　数制及字符编码

2.8.1　二进制数

二进制是计算机中广泛采用的一种数制,当前的计算机系统使用的基本上是二进制系统。二进制系统中用 0 和 1 两个数码来表示数,基数为 2,进位规则是"逢二进一",借位规则是"借一当二"。

1. 二进制数的表示法

二进制数采用位置计数法,其位权是以 2 为底的幂。例如,二进制数 110.11,其权的大小顺序为 2^2、2^1、2^0、2^{-1}、2^{-2}。二进制数 110.11 的加权系数展开式可以表示为:

$$(110.11)_2 = 2^2 + 2^1 + 2^0 + 2^{-1} + 2^{-2}$$

对于有 n 位整数,m 位小数的二进制数用加权系数展开式表示,可写为:

$$(a_{n-1}a_{n-2}\cdots a_1 a_0 a_{-1}\cdots a_{-m})_2$$
$$= a_{n-1}\times 2^{n-1} + a_{n-2}\times 2^{n-2} + \cdots + a_1\times 2^1 + a_0\times 2^0 + a_{-1}\times 2^{-1} + a_{-2}\times 2^{-2} + \cdots + a_{-m}\times 2^{-m}$$

2. 二进制的运算

这里简单介绍二进制的加法和减法运算。

(1)加法。其共有以下 4 种情况:

$0+0=0$　　　　　　$0+1=1$　　　　　　$1+0=1$　　　　　　$1+1=10$

【例 2-1】　1011＋11＝1110

（2）减法。其共有以下 4 种情况：

$$0-0=0 \qquad 0-1=1 \qquad 1-0=1 \qquad 1-1=0$$

【例 2-2】 $1011-11=1000$

```
    1  0  1  1
-         1  1
───────────────
    1  0  0  0
```

2.8.2　十进制与二进制的转换

1. 正整数的十进制转换为二进制

口诀:短除法,除 2 取余,倒序排列。详细来讲就是将一个十进制数除以 2,得到的商再除以 2,依此类推,直到商等于 1 或 0 时为止,将除得的余数倒取,即得到二进制数的结果。

例如,把 52 换算成二进制数,计算结果如下:

```
2 | 52  - - - - - - - - - - 0
  2 | 26  - - - - - - - - - 0
    2 | 13  - - - - - - - - 1
      2 | 6  - - - - - - - 0
        2 | 3  - - - - - - 1
            1  - - - - - - 1
```

52 除以 2 得到的余数依次为:0、0、1、0、1、1,倒序排列,所以 52 对应的二进制数就是 110100。

2. 负整数的十进制转换为二进制

口诀:取反加 1。详细来讲就是将该负整数对应的正整数先转换成二进制,然后将其补齐为 8 位的整数,不够 8 位,就在高位加 0,再对其取反,最后在取反的结果上加 1。

例如,要把 -52 换算成二进制数,应按下列步骤操作:

（1）先取得 52 的二进制数:110100

（2）将 110100 高位补 0:00110100

（3）对所得到的二进制数取反:11001011

（4）将取反后的数值加 1:11001100

即: $(-52)_{10}=(11001100)_2$

3. 小数的十进制转换为二进制

口诀:乘二取整,正序排列。详细来讲就是对被转换的小数乘以 2,取其整数部分(0 或 1)作为二进制小数部分,取其小数部分,再乘以 2,又取其整数部分作为二进制小数部分,然后取小数部分,再乘以 2,直到小数部分为 0 或者已经取到了足够位数。每次取的整数部分按先后次序排列,就构成了二进制小数的序列。例如,把 0.2 转换为二进制,转换过程如下:

$0.2\times2=0.4\cdots\cdots\cdots0$

$0.4\times2=0.8\cdots\cdots\cdots0$

$0.8\times2=1.6\cdots\cdots\cdots1$

$0.6\times2=1.2\cdots\cdots\cdots1$

$0.2\times2=0.4\cdots\cdots\cdots0$

$(0.2)_{10} = (0.0011)_2$

0.2 乘以 2,取整后小数部分再乘以 2,运算 4 次后得到的整数部分依次为 0、0、1、1,结果又变成了 0.2,如果 0.2 再乘以 2 后会循环刚开始的 4 次运算,所以 0.2 转换二进制后将是 0011 的循环,即:

$(0.2)_{10} = (0.0011\ 0011\ 0011\ \cdots)_2$

4. 二进制转换为十进制

二进制整数用数值乘以 2 的幂次,然后依次相加;二进制小数用数值乘以 2 的负幂次,然后依次相加。

比如,将二进制 110 转换为十进制:首先补齐 8 位数,00000110,首位为 0,则为正整数,那么将二进制中的三位数分别与下边对应的值相乘后相加得到的值即为十进制的结果。

1	1	0
2^2	2^1	2^0

个位数 0 与 2^0 相乘:$0 \times 2^0 = 0$

十位数 1 与 2^1 相乘:$1 \times 2^1 = 2$

百位数 1 与 2^2 相乘:$1 \times 2^2 = 4$

将得到的结果相加:$0 + 2 + 4 = 6$

二进制 110 转化为十进制后的结果为 6。

如果二进制数补足位数之后首位为 1,那么其对应的整数为负,需要先取反然后再换算。

比如,11111001,首位为 1,那么需要先对其取反,即:-00000110。00000110 对应的十进制数为 6,因此 11111001 对应的十进制数为 -6。

换算公式可表示为:

$(11111001)_2 = -(00000110)_2 = (-6)_{10}$

比如,将二进制 0.110 转换为十进制:首先将二进制中小数部分的三位数分别与下边对应的值相乘后相加得到的值即为十进制的结果。

0.	1	1	0
2^0	2^{-1}	2^{-2}	2^{-3}

小数部分第一位 1 与 2^{-1} 相乘:$1 \times 2^{-1} = 0.5$

小数部分第二位 1 与 2^{-2} 相乘:$1 \times 2^{-2} = 0.25$

小数部分第三位 0 与 2^{-3} 相乘:$0 \times 2^{-3} = 0$

将得到的结果相加:$0.5 + 0.25 + 0 = 0.75$

二进制 0.110 转化为十进制后的结果为 0.75。

2.8.3　字符编码

字符编码是把字符集中的编码为指定集合中某一元素,以便文本在计算机中存储和通过通信网络传递。常见的例子包括将拉丁字母表编码成摩斯电码和 ASCII 码。其中,ASCII 码将字母、数字和其他符号编号,并用 7 比特的二进制数来表示这个整数。通常会额外使用一个扩充的比特,以便以 1 个字节的方式存储。

ASCII 是 American Standard Code for Information Interchange 的缩写。ASCII 码是

目前计算机最通用的编码标准。因为计算机只能接受数字信息，而 ASCII 码将字符作为数字来表示，以便计算机能够接受和处理。比如，大写字母 M 的 ASCII 码是 77。在 ASCII 码中，第 0～32 号及第 127 号是控制字符，常用的有 LF（换行）、CR（回车）；第 33～126 号是字符，其中第 48～57 号为 0～9 十个阿拉伯数字；65～90 号为 26 个大写英文字母，97～122 号为 26 个小写英文字母，其余的是标点符号、运算符号等。如表 2-11 所示为常用的 ASCII 码对照表。

表 2-11 ASCII 码对照表

		$D_6 D_5 D_4$							
		000	001	010	011	100	101	110	111
$D_3 D_2 D_1 D_0$	0000	NUL	DLE	SP	0	@	P	*	P
	0001	SOH	DC1	!	1	A	Q	a	q
	0010	STX	DC2	"	2	B	R	b	r
	0011	ETX	DC3	#	3	C	S	c	s
	0100	EOT	DC4	$	4	D	T	d	t
	0101	ENQ	NAK	%	5	E	U	e	u
	0110	ACK	SYN	&	6	F	V	f	v
	0111	BEL	ETB	'	7	G	W	g	w
	1000	BS	CAN	(	8	H	X	h	x
	1001	HT	EM	)	9	I	Y	i	y
	1010	LF	SUB	*	:	J	Z	j	z
	1011	VT	ESC	+	;	K	[	k	(
	1100	FF	FS	,	<	L	\	l	|
	1101	CR	GS	—	=	M	J	m	)
	1110	RO	RS	.	>	N	↑	n	~
	1111	SI	US	/	?	O	_	0	DEL

2.9 习 题

1. 判断题

(1)以 3.53 为实部、4 为虚部，Python 复数的表达形式为：3.53＋4j。　　　　　　(　　　)

(2)欲将两个字符串连接成为一串，可以用"&"运算符。　　　　　　　　　　　(　　　)

(3)a = ′Abyy′，b = ′AByy′，则 a > b。　　　　　　　　　　　　　　　　　　(　　　)

(4)x = "你好!"，y = "您好!"，则 x < y。　　　　　　　　　　　　　　　　　　(　　　)

(5)a = ′Abyy′，b = ′AByy′，则 a.upper()> b。　　　　　　　　　　　　　　　(　　　)

(6)已知 x = 3，并且 id(x)的返回值为 496103280，那么执行语句 x += 6 之后，表达式

id(x) == 496103280 的值为真。　　　　　　　　　　　　（　　）

（7）转义字符 '\n' 的含义是换行。　　　　　　　　　　（　　）

（8）表达式 3 ∗∗ 3 的值是 9。　　　　　　　　　　　　（　　）

（9）表达式 'abc' + str(16//3 − 2 ∗∗ 3)的值是 'abc − 2.7'。　　（　　）

（10）7 < x < 9 的 Python 表达式为：x > 7 and x < 9。　　（　　）

2. 选择题

（1）Python 运算符中用来计算整商的运算符是（　　　　）。

A. //　　　　　　　B. /　　　　　　　C. %　　　　　　　D. ∗

（2）下面是合法的 Python 变量名的是（　　　）。

A. x1 % y　　　　　B. 1abc　　　　　C. k_k123　　　　　D. you are

（3）Python 使用缩进作为语法边界，一般建议缩进（　　　）。

A. TAB　　　　　　B. 两个空格　　　　C. 四个空格　　　　D. 八个空格

（4）Python 脚本文件的扩展名为（　　　）。

A. . Python　　　　B. . pt　　　　　　C. . pn　　　　　　D. . py

（5）Python 以（　　　）作为转义符以使用特殊的字符功能。

A. \　　　　　　　B. %　　　　　　　C. /　　　　　　　D. %

（6）以下 4 个运算符中优先级最高的是（　　　）。

A. ∗∗　　　　　　B. //　　　　　　　C. ∗　　　　　　　D. %

（7）下面与 x > y and y > z 语句等价的是（　　　）。

A. x > y > z　　　　　　　　　　　B. not x < y or not y < z

C. not x < y or y < z　　　　　　　D. x > y or not y < z

（8）下列表达式的值是 False 的是（　　　）。

A. 'no'　　　　　　B. 'False'　　　　C. false　　　　　D. 10 % 5

（9）下列语句在 Python 中是非法的是（　　　）。

A. x = y = z = 1　　B. x,y = y,x　　　C. x = (y = y + 1)　　D. x ∗ = y

10）下面不是合法的布尔表达式的是（　　　）。

A. x in range(6)　　　　　　　　　B. e > 5 and 4 < e

C. x ∗∗ 2　　　　　　　　　　　　D. x + 1 = 3

3. 编程题

（1）任意输入半径，求圆面积。

（2）任意输入一个三位整数，显示百位、十位、个位数。

（3）任意输入一个以小时为单位的时间，显示几小时、几分、几秒。比如 3.56 小时。

第 3 章

程序控制结构

3.1 程序控制结构概述

程序控制结构是指以某种顺序执行的一系列动作,用于解决某个问题。理论和实践证明,无论多复杂的算法均可通过顺序、选择、循环 3 种基本控制结构构造出来。每种结构仅有一个入口和出口。这 3 种基本结构可以进行多层嵌套。

3.2 顺序结构

顺序结构程序是指按语句出现的先后顺序执行程序的结构,是结构化程序中最简单的结构。按照语句的排列顺序从上到下,一条语句一条语句地执行,当一条语句执行完毕,自动转到下一条语句,如图 3-1 所示。

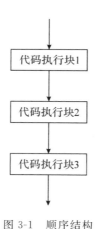

图 3-1　顺序结构

【例 3-1】　计算一个长方形的面积。

程序代码如下:

```
length = 5
width = 2
area = length * width
print("area is %d" % area)
运行结果如下 ======
area is 10
```

通过调试工具可以观察到这个程序的执行过程是从上到下逐条语句执行的,所以这段代码的结构就是顺序结构。

3.3　分支结构

分支结构又称为选择结构,对于要先判断再选择的问题就要使用分支结构,比如,周末如果下雨的话去吃火锅。分支结构的执行顺序是依据一定的条件来选择执行路径,而不是严格按照语句出现的物理顺序从上到下执行。

3-1 分支结构

【例 3-2】　计算一元二次方程的根,假设该一元二次方程为 $ax^2 + bx + c = 0$,其中系数 a, b, c 是不确定的实数,要求用户从键盘输入。

程序代码如下:

```
import math
a = int(input("input a >>"))
b = int(input("input b >>"))
c = int(input("input c >>"))
deta = b ** 2 - 4 * a * c
if deta >= 0:
    x1 = (-b + math.sqrt(deta))/(2 * a)
    x2 = (-b - math.sqrt(deta))/(2 * a)
    print(x1,x2)
elif deta == 0:
    x1 = x2 = (-b)/(2 * a)
    print(x1,x2)
else:
    print("This quadratic equation hasn't real solution")
运行结果如下 ======
input a >> 1
input b >> 4
input c >> 2
-0.5857864376269049 -3.414213562373095
```

调试运行:通过调试工具运行时,当输入 1,2,1 时,程序执行完 deta=b**2-4*a*c 这条语句后直接跳到 elif deta==0:这条语句执行;当输入 2,1,1 时,程序执行完 deta=b**2-4*a*c 这条语句后直接跳到 else:这条语句执行;当输入 1,3,1 时,程序执行完 deta=b**2-4*a*c 这条语句后直接跳到 if deta>0:这条语句执行。可见,程序执行哪些语句事先要进行判断,根据判断结果选择执行的语句。

分支结构有单分支、双分支、多分支结构,分支结构还可以进行嵌套。

3.3.1　单分支结构

单分支结构是最基本的分支结构。根据判断表达式的结果,要么执行要么不执行相关语句。如图 3-2 所示,当表达式计算结果为真(非 0)时,执行"代码执行块";当表达式结果为假(0)时,不执行"代码执行块"。

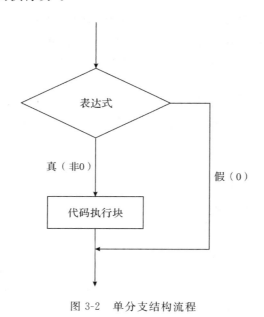

图 3-2　单分支结构流程

单分支结构的语法格式为:

```
if 表达式:
    代码执行块
```

【例 3-3】　求圆的面积:$S=\pi R^2$,当半径大于 0 时,输出圆的面积。
程序代码如下:

```
pi = 3.14
R = int(input("input radius of a circle >>"))
if R > 0:
    area = pi * R ** 2
    print(area)
```

```
执行结果 ======
input radius of a circle >> 3
28.26
```

执行程序时,如果输入一个大于 0 的数作为半径,则输出圆的面积;如果输入的值小于或等于 0,则没有任何输出。

3.3.2　双分支结构

双分支结构是典型的分支结构。根据判断表达式的结果,要么执行"代码执行块 1",要么执行"代码执行块 2"。如图 3-3 所示,当表达式计算结果为真(非 0)时,执行"代码执行块 1";否则执行"代码执行块 2"。

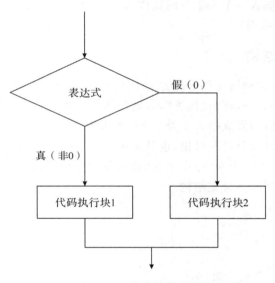

图 3-3　双分支结构流程

双分支结构的语法格式为:

```
if 表达式:
    代码执行块 1
else:
    代码执行块 2
```

【例 3-4】　求圆的面积:$S=\pi R^2$,当半径大于 0 时,输出圆的面积,否则提示用户半径输入有误。

程序代码如下:

```
pi = 3.14
R = int(input("input radius of a circle >>"))
if R > 0:
```

```
        area = pi * R ** 2
        print(area)
    else:
        print('输入错误')
运行结果 ======
input radius of a circle >> 2
12.56
运行结果 ======
input radius of a circle >> - 1
输入错误
```

执行程序时,如果输入一个大于 0 的数作为半径,则输出圆的面积;如果输入的值小于或等于 0,则输出"输入错误"。

3.3.3 多分支结构

多分支结构是具有多种情况的分支结构(见图 3-4)。例如,根据学生成绩来评定等级时,如果成绩大于等于 90 分,评为"优秀",否则的话还要继续分情况讨论,也就是在小于 90 分的前提下继续分情况,如果成绩大于等于 80 分(即成绩大于等于 80 分小于 90 分),评为"良好",否则的话还要继续分情况讨论,也就是小于 80 分的前提下继续分情况,如果成绩大于等于 60 分(即成绩大于等于 60 分小于 80 分),评为"及格",否则,即小于 60 分,评为"不及格"。这就是一个典型的多分支结构。

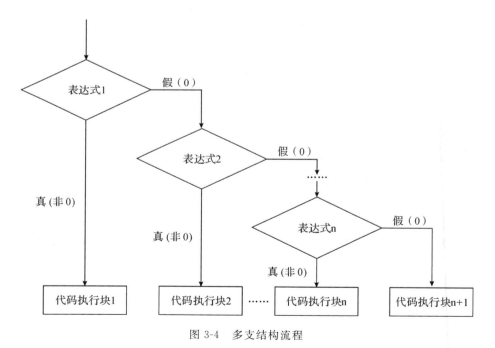

图 3-4 多支结构流程

多分支结构的语法格式为：

```
if 表达式 1:
    代码执行块 1
elif 表达式 2:
    代码执行块 2
......
elif 表达式 n:
    代码执行块 n
[else:
    代码执行块 n + 1
]
```

【例 3-5】　根据学生考试成绩评定成绩等级，90 分及以上评为"优秀"，大于等于 80 分小于 90 分评为"良好"，大于等于 60 分小于 80 分评为"及格"，60 分以下评为"不及格"。

程序代码如下：

```
score = int(input("请输入学生成绩>>"))
if score >= 90:
    grade = "优秀"
elif score >= 80:
    grade = "良好"
elif score >= 60:
    grade = "及格"
else:
    grade = "不及格"
    print(grade):

运行结果 ======
请输入学生成绩>> 86
良好
```

执行程序时，如果输入一个大于等于 90 的数，则输出"优秀"；如果输入一个大于等于 80 小于 90 的数，则输出"良好"；如果输入一个大于等于 60 小于 80 的数，则输出"及格"，如果输入一个小于 60 的数，则输出"不及格"。

3.3.4　分支的嵌套

分支的嵌套是指在一个分支结构内部又存在一个分支结构。内部的分支结构可以嵌套在 if 子句下，也可以嵌套在 else 子句下。其语法格式如下：

```
if 表达式 1:
        代码执行块 1
else:
    if 表达式 2:
        代码执行块 2
    else:
        if 表达式 3:
            代码执行块 3
        else:
            ……
```

或者

```
if 表达式 1:
    if 表达式 11:
        代码执行块 1
    [else:
        代码执行块 2 ]
    if 表达式 12:
        代码执行块 3
    [else:
        代码执行块 4 ]
        ……
    [else:
        代码执行块 n + 1]
```

多分支结构也可以用分支的嵌套结构来实现。例 3-5 使用分支的嵌套结构对例 3-4 进行改写。

【例 3-6】 根据学生考试成绩评定成绩等级,90 分及以上评为"优秀",大于等于 80 分小于 90 分评为"良好",大于等于 60 分小于 80 分评为"及格",60 分以下评为"不及格"。

程序代码如下:

```
score = int(input("请输入学生成绩"))
if score >= 90:
    grade = "优秀"
else:
    if score >= 80:
        grade = "良好"
    else:
        if score >= 60:
            grade = "及格"
        else:
            grade = "不及格"
print(grade)
运行结果 ======
请输入学生成绩>> 86
良好
```

执行程序时,如果输入一个大于等于 90 的数,则输出"优秀";如果输入一个大于等于 80 小于 90 的数,则输出"良好";如果输入一个大于等于 60 小于 80 的数,则输出"及格";如果输入一个小于 60 的数,则输出"不及格"。

3.3.5　分支结构综合举例

【例 3-7】　输入三个数,按从大到小的顺序排序。

解析:假设三个数分别为 a,b,c,先将 a 和 b 进行比较,使得 a > b(如果 a < b,则交换);再将 a 与 c 比较,使得 a > c(如果 a < c,则交换);再将 b 与 c 比较,使得 b > c(如果 b < c,则交换)。

程序代码如下:

```
a = int(input("输入一个整数 a:"))
b = int(input("输入一个整数 b:"))
c = int(input("输入一个整数 c:"))
if a < b:
    a,b = b,a            #使得 a 一定是大于等于 b 的
if a < c:
    a,c = c,a            #使得 a 一定是大于等于 c 的
if b < c:
    b,c = c,b            #使得 b 一定是大于等于 c 的
print(a,b,c)
运行结果 ======
输入一个整数 a:2
输入一个整数 b:3
输入一个整数 c:4
4 3 2
```

【例 3-8】　判断某一年是否为闰年。判断闰年的条件是:年份能被 4 整除且不能被 100 整除,或者能被 400 整除。

方法一:使用双分支结构,用一个逻辑表达式包含所有的闰年条件,相关程序代码如下:

```
y = int(input('请输入年份>>'))
if y % 4 == 0 and y % 100 ! = 0 or y % 400 == 0:
    print("是闰年")
else:
    print("不是闰年")
运行结果 ======
请输入年份>> 2018
不是闰年
```

方法二:使用多分支结构,相关程序代码如下:

```
y = int(input('请输入年份>>'))
if y % 400 == 0:
    print("闰年")
elif y % 4 = 0 and y % 100！= 0:
    print("是闰年")
else:
    print("不是闰年")
运行结果 ======
请输入年份>> 2018
不是闰年
```

方法三:使用嵌套结构,相关程序代码如下:

```
y = int(input('请输入年份>>'))
if y % 400 == 0:
    print("闰年")
else:
    if  y % 4 == 0:
        if  y % 100！= 0:
            print("是闰年")
        else:
            print("不是闰年")
    else:
        print("不是闰年")
运行结果 ======
请输入年份>> 2018
不是闰年
```

3.4　循环结构

　　循环是指同样的操作重复执行多次(两次或两次以上)。在现实生活中有许多操作都可能需要重复执行,比如一年中有 365 次重复的"日出",运动会上的长跑运动员重复跑了数圈等。在计算机编程语言中,如果同样的指令需要重复执行多次,可以使用循环语句简洁地描述出来。在 Python 中主要有两种循环语句,分别为 while 循环和 for 循环。

3-2 循环结构

3.4.1　while 循环语句

while 循环是一种基本循环模式。while 循环语句的格式为:

> while 条件表达式:
>   循环体语句
> while 语句的后继语句

循环体语句可以是一条语句,也可以是多条语句。循环体语句可能被执行 0 次,也可能被执行多次。具体执行过程如图 3-5 所示。

while 循环语句的执行过程如下:

①计算条件表达式。

②如果①的计算结果为 True 或非 0 值,进入循环体。循环体中的语句执行完一轮后,转①。

③如果①的计算结果为 False 或 0 值,退出循环,执行 while 语句的后继语句。

注意:一般来说,循环体语句中至少应该包含一条用来改变条件表达式的语句,以让循环趋于结束,避免产生"死循环"。

【例 3-9】 计算 100 以内的偶数之和。

解析:这是一个累加求和问题。在数学里面用表达式 $S=\sum_{i=0}^{50}2i$ 表示对 100 以内的偶数累加求和。这里有两个变量,一个为 i,另一个为 s。初始状态下 s 和 i 的值都为 0。

程序代码如下:

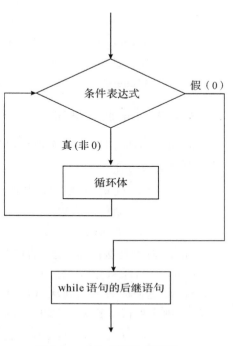

图 3-5 while 循环执行流程

```
i = 0                 ♯初始化
s = 0                 ♯初始化
while i <= 50:        ♯while 语句,条件表达式
    s = s + 2 * i     ♯while 循环体,累加求和
    i = i + 1         ♯while 循环体,i 增加一个步长
print(s)              ♯while 语句的后继语句,输出 s 的值
执行结果 ======
2550
```

【例 3-10】 求阶乘 10!。

解析:10! 在数学中可以用 $p=\prod_{i=1}^{10}i\,(i=1,2,\cdots,10)$ 表示。这里有两个变量,一个为 i,另一个为 p。

初始状态下 p 和 i 的值都为 1。条件表达式 i <= 10 为真时,进行累乘 p=p*i,将 i 的值增加一个步长,即 i=i+1;条件表达式 i>10 为假时,跳出循环体。

程序代码如下:

```
i = 1                 #初始化
p = 1                 #初始化
while i <= 10 :       #while 语句,条件表达式
    p = p * i         #while 循环体,累加求和
    i = i + 1         #while 循环体,i 增加一个步长
print(p)              #while 语句的后继语句,输出 p 的值
执行结果 ======
3628800
```

3.4.2　for 循环语句

for 循环一般用于循环次数可以提前确定的情况,尤其适用于枚举或遍历序列或迭代对象中元素的场合。

```
for 变量 in 序列或其他迭代对象:
    循环体语句
for 语句的后继语句
```

range 对象是迭代器对象,迭代时产生指定范围的数字序列。其格式为:

range(start，stop[，step])

range 返回的数值系列从 start 开始,到 stop 结束(不包含 stop)。如果指定了可选的步长 step,则序列按步长 step 增长。例如:

```
>>> for i in range(1,11):print(i,end = "  ")
#输出:1 2 3 4 5 6 7 8 9 10
>>> for i in range(1,11,3):print(i,end = "  ")
#输出:1 4 7 10
```

【例 3-11】　用 for 循环求 1～100 中所有偶数之和。

程序代码如下:

```
s = 0                      # 初始化
for i in range(0,101,2):   # for 语句,迭代器 range 产生数字序列
                           (0,2,…,100)
    s = s + i              # 循环体,累加求和
print (s)                  # for 语句的后继语句
执行结果 ======
2550
```

思考:for 语句"for i in range(0,101,2):"中的 101 可以改成 100 吗? 为什么?

3.4.3　break 和 continue 语句

break 和 continue 语句在 while 循环和 for 循环中都可以使用,并且一般常与分支结构使用,以达到在特定条件得到满足时跳出循环的目的。 一旦 break 语句被执行,将使得整个循环提前结束。continue 语句的作用是终止本次循环,并忽略 continue 之后的所有语句,直

接回到循环的顶端,提前进入下一次循环。需要注意的是,过多的 break 和 continue 会严重降低程序的可读性。除非 break 或 continue 语句可以让代码更简单或更清晰,否则不要轻易使用。

【例 3-12】 计算小于 100 的最大素数。

解析:素数是只能被 1 和自身整除的整数。判断一个数 x 是否为素数最简单的方法就是利用循环结构让 x 除以从 2 到 x—1 的数,如果一直没有被整除,则 x 是素数,否则 x 不是素数。

从大到小(100,99,…,2)的顺序逐个进行判断,找到的第一个素数就是最大的素数。

这里利用了循环的嵌套(详见 3.4.5)。外层循环 x 从 100 到 2 进行改变,设置一个标志变量 flag,初值为 1,内部循环判断 x 是否能被 i(i 的值从 2 到 x—1 进行变化)整除,如果 x 被 i 整除将 flag 设置为 0。一旦 x 被 i 整除,则说明 x 的奇偶特性已定,使用 break 跳出本层循环。如图 3-6 所示。

跳出内部循环以后,判断 flag 的值,如果 flag=0,则当前 x 的值不是素数,将 x 的值减 1 后使用 continue 结束本轮循环,继续下轮循环;否则当前 x 的值为素数,跳出外部循环,输出 x 的值,程序结束。

程序代码如下:

```
x = 100                      # 初始化被除数
while x > = 2:                # while 语句
    flag = 1                 # 设置标志变量
    i = 2                    # 初始化因子
    while flag == 1 and i < x:  # while 语句
        if x % i == 0 :      # 被因子 i 整除
            flag = 0         # 改变标志变量
            break            # 跳出本层循环
        else:
            i = i + 1        # 否则因子的值增加 1
    if flag == 0:
# 内部 while 循环的后继语句,判断跳出循环的原因
        x = x - 1            # 因为 flag 值被改变而跳出循环
        continue             # 忽略后面语句,进入下轮循环
    else:
        break                # flag == 1,但 p < i 不再成立
# 说明 i 是素数,找出了最大的素数,退出循环
print (x)
执行结果 ======
97
```

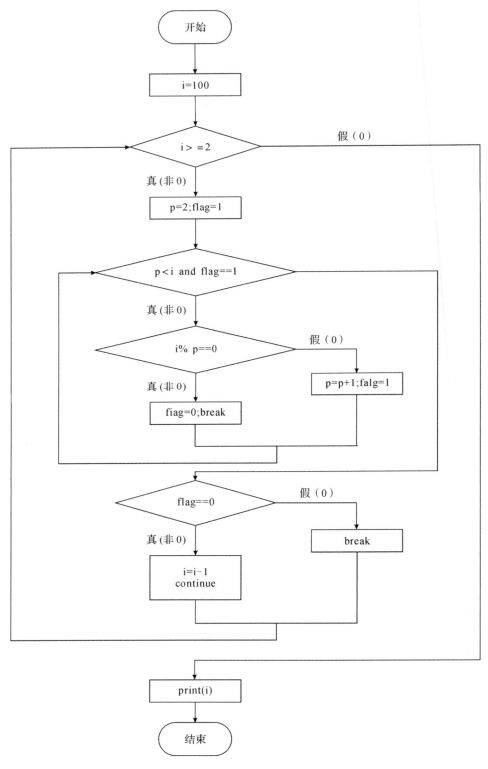

图 3-6 100 以内的最大素数

3.4.4　else 子句

while 循环和 for 循环都可以带 else 子句,如果循环因为条件表达式不成立而自然结束(不是因为执行了 break 语句而结束循环),则执行 else 中的语句;如果循环执行了 break 语句而导致循环提前结束,则不执行 else 中的语句。

```
while 条件表达式:
    循环体语句
else:
    后继语句
```

```
for 变量 in 序列或其他迭代对象:
    循环体语句
else:
    后继语句
```

【例 3-13】　分别用 while…else… 和 for…else…结构求 1～100 中所有奇数之和。
while…else… 程序代码如下:

```
s = 0
for i in range(1,101,2):
    s + = i
else:
    print(s)
执行结果: = = = = = =
2500
```

for…else… 程序代码如下:

```
s = 0;i = 1
while i < 101:
    s + = i
    i = i + 2
else:
    print(s)
执行结果 = = = = = =
2500
```

【例 3-14】　使用 else 子句计算小于 100 的最大素数。
程序代码如下:

```
for i in range(99,1, - 1):
    flag = 1
    for p in range(2,i):
        if i % p == 0:
            flag = 0
            break
```

```
        else:
                print(i)
                break
    执行结果 ======
    97
```

3.4.5 循环的嵌套

在一个循环体内又包含另一个完整的循环结构,称为循环的嵌套。这种语句结构称为多重循环结构。在例 3-12 中计算小于 100 的最大素数就是一个典型的多重循环结构。

【例 3-15】 利用多重循环结构输出九九乘法表。

```
1 * 1 = 1
2 * 1 = 2      2 * 2 = 4
3 * 1 = 3      3 * 2 = 6      3 * 3 = 9
4 * 1 = 4      4 * 2 = 8      4 * 3 = 12     4 * 4 = 16
5 * 1 = 5      5 * 2 = 10     5 * 3 = 15     5 * 4 = 20     5 * 5 = 25
6 * 1 = 6      6 * 2 = 12     6 * 3 = 18     6 * 4 = 24     6 * 5 = 30     6 * 6 = 36
7 * 1 = 7      7 * 2 = 14     7 * 3 = 21     7 * 4 = 28     7 * 5 = 35     7 * 6 = 42     7 * 7 = 49
8 * 1 = 8      8 * 2 = 16     8 * 3 = 24     8 * 4 = 32     8 * 5 = 40     8 * 6 = 48     8 * 7 = 56     8 * 8 = 64
9 * 1 = 9      9 * 2 = 18     9 * 3 = 27     9 * 4 = 36     9 * 5 = 45     9 * 6 = 54     9 * 7 = 63     9 * 8 = 72     9 * 9 = 81
```

图 3-7 九九乘法表运行效果(a)

实现图 3-7 的程序代码如下:

```
for i in range (1,10):                    #外循环
    for j in range(1,10):                 #内循环
        if j <= i:                        #下三角
            print ("%d * %d = %d"%(i,j,i*j),end ='\t')
    print("\n")
```

```
1 * 1 = 1      1 * 2 = 2      1 * 3 = 3      1 * 4 = 4      1 * 5 = 5      1 * 6 = 6      1 * 7 = 7      1 * 8 = 8      1 * 9 = 9
2 * 2 = 4      2 * 3 = 6      2 * 4 = 8      2 * 5 = 10     2 * 6 = 12     2 * 7 = 14     2 * 8 = 16     2 * 9 = 18
3 * 3 = 9      3 * 4 = 12     3 * 5 = 15     3 * 6 = 18     3 * 7 = 21     3 * 8 = 24     3 * 9 = 27
4 * 4 = 16     4 * 5 = 20     4 * 6 = 24     4 * 7 = 28     4 * 8 = 32     4 * 9 = 36
5 * 5 = 25     5 * 6 = 30     5 * 7 = 35     5 * 8 = 40     5 * 9 = 45
6 * 6 = 36     6 * 7 = 42     6 * 8 = 48     6 * 9 = 54
7 * 7 = 49     7 * 8 = 56     7 * 9 = 63
8 * 8 = 64     8 * 9 = 72
9 * 9 = 81
```

图 3-8 九九乘法表运行效果(b)

实现图 3-8 的程序代码如下：

```
for i in range (1,10):                    ♯外循环
    for j in range(1,10):                 ♯内循环
        if j > = i:                       ♯上三角
            print ("%d * %d = %d"%(i,j,i*j),end = '\t')
    print("\n")
```

思考：修改程序，分别输出图 3-9 和图 3-10 的效果。

1 * 1 = 1	1 * 2 = 2	1 * 3 = 3	1 * 4 = 4	1 * 5 = 5	1 * 6 = 6	1 * 7 = 7	1 * 8 = 8	1 * 9 = 9
	2 * 2 = 4	2 * 3 = 6	2 * 4 = 8	2 * 5 = 10	2 * 6 = 12	2 * 7 = 14	2 * 8 = 16	2 * 9 = 18
		3 * 3 = 9	3 * 4 = 12	3 * 5 = 15	3 * 6 = 18	3 * 7 = 21	3 * 8 = 24	3 * 9 = 27
			4 * 4 = 16	4 * 5 = 20	4 * 6 = 24	4 * 7 = 28	4 * 8 = 32	4 * 9 = 36
				5 * 5 = 25	5 * 6 = 30	5 * 7 = 35	5 * 8 = 40	5 * 9 = 45
					6 * 6 = 36	6 * 7 = 42	6 * 8 = 48	6 * 9 = 54
						7 * 7 = 49	7 * 8 = 56	7 * 9 = 63
							8 * 8 = 64	8 * 9 = 72
								9 * 9 = 81

图 3-9　九九乘法表运行效果(c)

1 * 1 = 1	1 * 2 = 2	1 * 3 = 3	1 * 4 = 4	1 * 5 = 5	1 * 6 = 6	1 * 7 = 7	1 * 8 = 8	1 * 9 = 9
2 * 1 = 2	2 * 2 = 4	2 * 3 = 6	2 * 4 = 8	2 * 5 = 10	2 * 6 = 12	2 * 7 = 14	2 * 8 = 16	2 * 9 = 18
3 * 1 = 3	3 * 2 = 6	3 * 3 = 9	3 * 4 = 12	3 * 5 = 15	3 * 6 = 18	3 * 7 = 21	3 * 8 = 24	3 * 9 = 27
4 * 1 = 4	4 * 2 = 8	4 * 3 = 12	4 * 4 = 16	4 * 5 = 20	4 * 6 = 24	4 * 7 = 28	4 * 8 = 32	4 * 9 = 36
5 * 1 = 5	5 * 2 = 10	5 * 3 = 15	5 * 4 = 20	5 * 5 = 25	5 * 6 = 30	5 * 7 = 35	5 * 8 = 40	5 * 9 = 45
6 * 1 = 6	6 * 2 = 12	6 * 3 = 18	6 * 4 = 24	6 * 5 = 30	6 * 6 = 36	6 * 7 = 42	6 * 8 = 48	6 * 9 = 54
7 * 1 = 7	7 * 2 = 14	7 * 3 = 21	7 * 4 = 28	7 * 5 = 35	7 * 6 = 42	7 * 7 = 49	7 * 8 = 56	7 * 9 = 63
8 * 1 = 8	8 * 2 = 16	8 * 3 = 24	8 * 4 = 32	8 * 5 = 40	8 * 6 = 48	8 * 7 = 56	8 * 8 = 64	8 * 9 = 72
9 * 1 = 9	9 * 2 = 18	9 * 3 = 27	9 * 4 = 36	9 * 5 = 45	9 * 6 = 54	9 * 7 = 63	9 * 8 = 72	9 * 9 = 81

图 3-10　九九乘法表运行效果(d)

3.4.6　死循环

死循环也称为无限循环。如果 while 循环结构中 while 后面的条件表达式的计算结果一直为真（非 0），则循环将无限继续，程序将一直运行下去，从而形成死循环。程序进入死循环时，会造成程序没有任何响应，或者造成不断输出（如果在循环体内有输出语句 print）。

【例 3-16】 下面这段代码的本意是要输出序列：1 3 6 10 15 21 28 36 45 55，可实际上能得到预期结果吗？

程序代码如下：

```
x = 1;s = 0
while x <= 10:
```

Python 程序设计教程

```
            s = s + x
            print(s,end = ',')
      运行结果 ======
      1,2,3,4,5,6,7,8,9,10,11,12,13,14,15,16,17,18,19,
```

运行一下你会发现得到的结果是:1,2,3,…,而且一直在不停地输出。怎样让它停下来呢? 大多数计算机系统中,可以使用快捷键 Ctrl+C 来终止当前程序的运行。为什么会这样呢? 是因为条件表达式 x <= 10 的计算结果一直是"真"。如果在循环体内添加一条语句:x=x+1,就不会造成死循环了,当 x 增加到 11 时就会使得条件表达式 x <= 10 的计算结果变成假,从而结束循环。我们在编写程序时应该尽量避免产生死循环。

3.5 经典例题

3-3 经典习题

【例 3-17】 求 1～100 能被 7 整除,但不能同时被 5 整除的所有整数。

解析:设置变量 x(取值范围 1～100),如果 x 能被 7 整除且不能被 5 整除,则输出。

程序代码如下:

```
      for x in range(1,101):
            if x % 7 == 0 and x % 5 ! = 0:
                  print(x,end = ' ')
      运行结果 ======
      7   14   21   28   42   49   56   63   77   84   91   98
```

【例 3-18】 输出"水仙花数"。水仙花数是指 1 个 3 位的十进制数,其各位数字的立方之和恰好等于该数本身。例如,153 是水仙花数,因为 $153 = 1^3 + 5^3 + 3^3$。

解析:水仙花数一定是一个三位数,三位数的数据范围为 $[100,1000)$,设变量 x 为一个三位数,变量 b 为 x 的百位,变量 s 为 x 的十位,变量 g 为 x 的个位。

程序代码如下:

```
      for x in range(100,1000):
            b = x // 100
            s = ( x % 100)//10
            g = x % 10
            if b ** 3 + s ** 3 + g ** 3 = x:
                  print(x)
      运行结果 ======
      153
      370
      371
      407
```

48

【例 3-19】　求 200 以内能被 17 整除的最大正整数。

解析：设变量 x 为一个 200 以内的正整数，如果该整数能被 17 整除则输出。

程序代码如下：

```
for x in range(200,0,-1):
    if x % 17 == 0:
        print(x,end='')
运行结果======
187 170 153 136 119 102 85 68 51 34 17
```

【例 3-20】　用户从键盘任意输入一个正整数，判断这个数是否为素数。

解析：如果一个正整数只能被 1 和自身整除，而不能被其他数整除，则这个数是素数。

其实，还可以进一步简化为：一个正整数 x 如果不能被 2 到 $\sqrt{x}$ 整除，那么这个数就是素数。

使用 flag 标记字段的方式，编写的程序代码如下：

```
import  math
x = int(input('Input a int >>'))
flag = 1
if x > 0:
    for j in range(2,int(math.sqrt(x)+1)):
        if x % j = 0:
            flag = 0
            break
    if flag == 1:
        print(x ,'是素数')
运行结果======
Input a int >> 7
7 是素数
```

使用 for 循环的 else 子句的方式，编写程序代码如下：

```
import  math
x = int(input('Input a int >>'))
if x > 0:
    for j in range(2,int(math.sqrt(x)+1)):
        if x % j == 0:
            break
        else:
            print(x ,'是素数')
运行结果======
Input a int >> 7
7 是素数
```

【例 3-21】 鸡兔同笼问题。假设共有鸡、兔 30 只,脚 90 只,求鸡、兔各有多少只?

解析:定义变量 x 表示鸡的只数,变量 y 表示兔子的只数。x 与 y 都不能为小数,且:x+y=30,2x+4y=90,得到 x 的定义域为[0,30],y 的定义域为[0,23)

程序代码如下:

```
for x in range(0,31):
    for y in range(0,23):
        if x + y == 30 and 2 * x + 4 * y == 90:
            print(x,y)
运行结果 ======
15 15
```

【例 3-22】 编写程序,输出由 1,2,3,4 这 4 个数字组成的每位数都不同的所有三位数。

解析:定义变量 x,y,z 分别表示百位、十位、个位。x,y,z 的取值范围为[1,5)。

程序代码如下:

```
for x in range(1,5):
    for y in range(1,5):
        for z in range(1,5):
            if x! = y and y! = z and x! = z:
                print(x * 100 + y * 10 + z,end = '  ')
执行结果 ======
123   124   132   134   142   143   213   214   231   234   241   243
312   314   321   324   341   342   412   413   421   423   431   432
```

3.6 习 题

1. 单选题

(1)执行下列 Python 语句将产生的结果是(   )。

```
x = 2;y = 2.0
if(x == y):print("相等")
else:print("不相等")
```

A. 相等　　　　　B. 不相等　　　　　C. 编译出错　　　　　D. 运行时错误

(2)执行下列 Python 语句将产生的结果是(   )。

```
x = 2;y = 2.0
if(x is y):print("相同")
else:print("不相同")
```

A. 相同　　　　　B. 不相同　　　　　C. 编译出错　　　　　D. 运行时错误

（3）执行下列 Python 语句将产生的结果是（　　）。

```
x = 1
if x: print(True)
else: print(False)
```

A. True　　　　　　　B. False　　　　　　　C. 1　　　　　　　D. 运行时错误

（4）用 if 语句表示如下分段函数 f(x)，下面不正确的程序是（　　）。

$$f(x) = \begin{cases} 2x + 1 & x \geqslant 1 \\ \dfrac{3x}{x-1} & x < 1 \end{cases}$$

A.
```
if x >= 1: f = 2 * x + 1
f = 3 * x/(x-1)
```

B.
```
if x >= 1: f = 2 * x + 1
if x < 1: 3 * x/(x-1)
```

C.
```
f = 2 * x + 1
if x < 1: f = 3 * x/(x-1)
```

D.
```
if x >= 1: f = 2 * x + 1
else: f = 3 * x/(x-1)
```

（5）执行下列 Python 语句后输出结果和循环执行次数分别为（　　）。

```
i = -1
while i < 0:
    i *= i;
print (i)
```

A. 输出结果：-1　循环次数 0 次　　B. 输出结果：-1　循环次数 1 次
C. 输出结果：1　循环次数 1 次　　D. 输出结果：1　循环次数 2 次

2. 思考题

（1）下列 Python 语句的程序运行结果为_____。

```
for x in range(3): print( x , end = ' ')
for x in range(2,5): print( x , end = ' ')
```

（2）阅读下面的 Python 程序，其输出结果_____。

```
n = int(input("请输入图形的行数"))
for i in range(0,n):
    for j in range(0,10 - i):print(" ",end = ' ')
    for j in range(0,2 * i + 1):print(" * ",end = ' ')
    print("\n")
```

3. 编程题

（1）编写程序，从键盘输入年、月、日，判断这是当年的第几天。

（提示：判断是否为闰年，如果是闰年则 2 月为 29 天，否则 2 月为 28 天）

（2）编写程序，输入三角形的三条边，先判断是否可以构成三角形，如果可以，则进一步求三角形的周长和面积，否则报错："无法构成三角形！"运行效果如下图所示（结果均保留一位小数）。

（提示：①三角形的两边之和大于第三边；②三角形的面积 = $\sqrt{h(h-a)(h-b)(h-c)}$

其中,h 为周长的一半,a，b，c 为三角形的三条边长)

```
请输入三角形的边 a >> 3
请输入三角形的边 b >> 4
请输入三角形的边 c >> 5
三角形三条边分别为:3.0,4.0,5.0
三角形的周长:12.0,三角形的面积:6.0
```

```
请输入三角形的边 a >> 1
请输入三角形的边 b >> 2
请输入三角形的边 c >> 3
无法构成三角形
```

（3）编写程序,用下面的公式可以近似地求出自然对数 e 的值。要求:最后一项的绝对值小于 10^{-6},输出 e 的值。

$$e = 1 + 1/1! + 1/2! + \cdots + 1/n!$$

（4）编写程序,至少使用两种不同的方法计算 100 以内所有奇数的和。

（5）编写程序,输出所有由 1,2,3,4 这四个数字所组成的三位数的素数,并且每个素数中每个数字都不重复。

（6）编写程序,输出九九乘法表。

1 * 1 = 1	1 * 2 = 2	1 * 3 = 3	1 * 4 = 4	1 * 5 = 5	1 * 6 = 6	1 * 7 = 7	1 * 8 = 8	1 * 9 = 9
	2 * 2 = 4	2 * 3 = 6	2 * 4 = 8	2 * 5 = 10	2 * 6 = 12	2 * 7 = 14	2 * 8 = 16	2 * 9 = 18
		3 * 3 = 9	3 * 4 = 12	3 * 5 = 15	3 * 6 = 18	3 * 7 = 21	3 * 8 = 24	3 * 9 = 27
			4 * 4 = 16	4 * 5 = 20	4 * 6 = 24	4 * 7 = 28	4 * 8 = 32	4 * 9 = 36
				5 * 5 = 25	5 * 6 = 30	5 * 7 = 35	5 * 8 = 40	5 * 9 = 45
					6 * 6 = 36	6 * 7 = 42	6 * 8 = 48	6 * 9 = 54
						7 * 7 = 49	7 * 8 = 56	7 * 9 = 63
							8 * 8 = 64	8 * 9 = 72
								9 * 9 = 81

（7）编写程序,输出 100 以内的所有素数。

第4章

Python 序列与字典

Python 中基本的数据结构是序列。序列中的每个元素都有位置编号，即元素的索引。其中，第一个元素的索引号为 0，之后的索引号为 1，2，3，…。Python 序列主要有字符串（str）、列表（list）、元组（tuple）等。Python 中的字典用于存放有"键—值"对的集合。本章分别讲述各种序列、字典的概念、操作、方法以及它们应用的综合实例。

4.1　Python 序列的通用操作与通用方法

Python 有多种内置序列，而本章主要关注字符串、列表和元组。这三种序列的示例如下：

字符串示例：'Hello'

列表示例：[12，33.5，'abc'，7]

元组示例：('kk'，99，7.75)

4-1 Python 集合

从这些示例可以看出，字符串是用引号括起来的一串字符（可以是单引号、双引号、三引号），这些字符有先后顺序，也就是有索引。列表和元组从表面上看，一个是用中括号括起来，一个是用圆括号括起来，但是它们有本质的差别，本章后面将介绍。还可以看到列表或元组中不要求元素的类型相同。这点是 Python 与 C、VB 等语言的数组不同的地方。作为序列，字符串、列表和元组有一些通用的操作方法。

4.1.1　通用序列操作

适用于所有序列的操作主要有索引、切片、相加、相乘和成员资格检查等。

1. 索引与切片

序列中的索引正方向从 0 开始递增，反方向从 −1 开始递减。设 x = ['aa'，12，2.2，'bb']，其元素的索引值如表 4-1 所示。其可以用索引来访问序列中的元素，也可以用切片来访问序列中连续的若干元素。

表 4-1　x 的元素及其索引值

正方向索引值	x 的元素	反方向索引值
0	'aa'	−4
1	12	−3
2	2.2	−2
3	'bb'	−1

(1)序列切片设置左边界和右边界来截取序列中的一段。其基本格式为：

序列名[左边界:右边界:步长]

其中,左边界、右边界和步长均可以省略。步长的默认值为1,具体意义可以参照下面列表索引与切片的例子。

```
>>> x = ['aa',12,2.2,'bb']
>>> x[1]
12
>>> x[0]
'aa'
>>> x[1:3]
[12, 2.2]
>>> x[-1:-3]
[]
>>> x[1::2]
[12, 'bb']
>>> x[-1:-4:-1]
['bb', 2.2, 12]
>>> x[:]
['aa', 12, 2.2, 'bb']
>>> x[-3:-1]
[12, 2.2]
>>> x[2:]
[2.2, 'bb']
>>> x[-3:]
[12, 2.2, 'bb']
>>> x[:2]
['aa', 12]
```

阅读前面的示例,可以看到切片操作包括左边界,不包括右边界。以下是元组和字符串索引与切片例子。

```
>>> x2 = (1,2,3,4,5,6)
>>> x2[1:3]
(2, 3)
>>> x2[3]
4
>>> s1 = 'Hello, Jim'
>>> s1[0]
'H'
>>> s1[5]
','
>>> s1[1:5]
'ello'
```

（2）加法与乘法。序列的加法表示序列连接，序列的乘法表示序列重复。

```
>>> s1 = 'hello'
>>> s1 = 'hello,';s2 = 'jim'
>>> s3 = s1 + s2
>>> s3
'hello,jim'
>>> s1 + s2 + s3
'hello,jimhello,jim'
>>> x1 = ['he is ', 'a'];x2 = [1,2,3]
>>> x1 + x2
['he is ', 'a', 1, 2, 3]
>>> x1 * 3
['he is ', 'a', 'he is ', 'a', 'he is ', 'a']
>>> 2 * s2
'jimjim'
>>> s1 + x1
Traceback (most recent call last):
    File "< pyshell #25 >", line 1, in < module >
        s1 + x1
TypeError: cannot concatenate 'str' and 'list' objects
```

通过详细阅读前面的示例，可以理解序列的加法与乘法。同时可以看到，加法限定在同类型的序列之间。

（3）成员资格检查。判定某元素是否在一个序列中，使用 in 或者 not in。

```
>>> s3 = 'hello,jim'
>>> 'e' in s3
True
>>> 'hello' in s3
True
>>> 'his' in s3
False
>>> y1 = ['hello',11,True,4.55]
>>> x = 'hello' in y1
>>> x
True
>>> 'hell' in y1
False
>>> [11,True] in y1
False
```

详细阅读前面的示例,理解字符串成员与列表成员的不同。

4.1.2 通用序列函数

序列的内置函数主要有 len()、min()、max()、sum()、sorted()等。其中 len()函数返回序列包含的元素个数,min()和 max()函数分别返回序列中的最小元素和最大元素,sum()函数返回数值型序列中所有元素的和。另外,range()函数是一个与序列非常相关,也很常用的函数。

```
>>> x = ['aa',12,2.2,'bb']
>>> len(x)
4
>>> max(x)
'bb'
>>> min(x)
2.2
>>> x2 = (1,2,3,4,5,6)
>>> sum(x2)
21
```

sorted()函数是将一个序列排序,排序后形成一个列表,返回列表,但是原序列不变。

```
>>> x = [98,5,334,6]
>>> k = sorted(x)
>>> k
[5, 6, 98, 334]
>>> x
[98, 5, 334, 6]
>>> x1 = (3,44,11)
>>> k1 = sorted(x1)
>>> k1
[3, 11, 44]
>>> x1
(3, 44, 11)
>>> x2 = 'juoyac'
>>> k2 = sorted(x2)
>>> x2
'juoyac'
>>> k2
['a', 'c', 'j', 'o', 'u', 'y']
>>> x = [3,66,11,'ab','c',9]
>>> k = sorted(x)
Traceback (most recent call last):
    File "< pyshell♯1 >", line 1, in < module >
      k = sorted(x)
TypeError: '<' not supported between instances of 'str' and 'int'
```

最后一个例子出错,是因为在 Python 3.5.1 中,字符串与数值不能比较大小。

range()函数产生一个整数的 range 序列。这个序列可以直接使用,如用 in 来遍历,也可以转换为列表或元组。range()函数的语法:

```
range(start,stop[,step])
```

其中,start、stop、step 均为整数。产生的 range 序列中不包含 stop。

```
>>> x = range(10)
>>> x
range(0, 10)
>>> y = x[1:5]
>>> y
range(1, 5)
>>> for i in y:
```

```
        print(i)
1
2
3
4
>>> y1 = list(range(1,20,4))
>>> y1
[1, 5, 9, 13, 17]
>>> y2 = tuple(range(1,20,4))
>>> y2
(1, 5, 9, 13, 17)
>>> y3 = str(range(1,20,4))
>>> y3
'range(1, 20, 4)'
```

range 对象转换为列表或者元组后,值是符合我们想像的,但是,转换为字符串后,效果
与预期不符。

4.2 列　表

列表是一种有序元素的数据结构。同一列表中元素的类型不限,可以是数值型、字符
串型、逻辑型。列表中的元素也可以是另一个列表,或是元组,形成这些结构的嵌套。下面
是列表的例子:

```
>>> x = [12,[12,33,['aa']],'bb',True]
>>> x[1]
[12, 33, ['aa']]
>>> x[1][1]
33
>>> x[1][2][0]
'aa'
>>> y = [('001','wang',20),('002','li',18)]
>>> y[1]
('002', 'li', 18)
>>> type(y)
<type 'list'>
>>> type(y[1])
<type 'tuple'>
```

除了序列通用的操作、方法、函数外,列表还有自己的方法与函数。设 x 是一个列表,
在 Python Shell 下输入"x.",等一会儿会看到如图 4-1 所示的显示。下拉图中右侧的滚动

条,可以找到所有列表方法与函数。其中,常用的方法与函数如表 4-2 所示。表中,x 是一个列表。

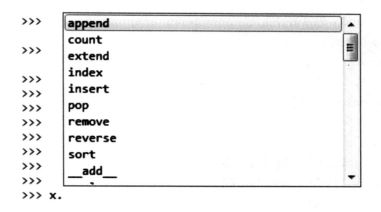

图 4-1　列表方法

表 4-2　常用的列表方法

方法	功能
x. append(obj)	在列表末尾增加一个元素
x. count(obj)	统计列表中 obj 出现的次数
x. extend(sequence)	用 sequence 扩展列表
x. index(obj)	返回 obj 在列表中第 1 次出现的索引
x. insert(index,obj)	在 index 位置插入对象 obj
x. pop(index)	返回列表中指定索引的元素,同时在列表中删除这个元素
x. remove(obj)	删除列表中第 1 次出现的 obj
x. reverse()	将列表元素的顺序在原址反转
x. sort(key＝None, reverse＝False)	将列表元素在原址排序,key 和 reverse 参数可选
x. copy()	复制列表
x. clear()	清除列表中的元素

列表是可变的,可以修改列表中的元素值,也可以删除列表中的元素,还可以增加列表中的元素。

(1)修改列表中元素,只需直接赋值。

```
>>> x = [1,2,3,4]
>>> x[1] = 'abc'
>>> x
[1, 'abc', 3, 4]
```

（2）删除列表中的元素，可以使用 del 语句，也可以使用 remove()方法或者 pop()方法，还可以使用切片方法。

```
>>> x
[1, 'abc', 9, 10, 4]
>>> del x[1]
>>> x
[1, 9, 10, 4]
>>> del x[1 : 3]
>>> x
[1, 4]
''' 注意 x[1:3]不包含右边界 '''
>>> x = [1, 'abc', 9, 10, 4]
>>> x.remove(9)
>>> x
[1, 'abc', 10, 4]
>>> x.remove('abc')
>>> x
[1, 10, 4]
>>> x.remove(65)
Traceback (most recent call last):
    File "< pyshell♯22 >", line 1, in < module >
        x.remove(65)
ValueError: list.remove(x): x not in list
```

用 del 语句删除列表元素时使用列表的索引，用 remove()方法删除列表元素时使用元素的值。pop()方法也使用列表元素的索引，但是删除的元素被返回。pop()方法省略索引时，将返回和删除列表的最后一个元素。remove()方法将删除的元素扔掉，不返回值，这与pop()不同。remove()方法与 pop()方法每次只删除列表中的一个元素。具体看下面的例子：

```
>>> x = ['aa', 'a', 'b', 'a', 'abc']
>>> k = x.pop(2)
>>> x
['aa', 'a', 'a', 'abc']
>>> k
'b'
>>> k1 = x.pop()
>>> k1
'abc'
>>> x
```

```
['aa', 'a', 'a']
>>> k2 = x.remove('a')
>>> k2
>>> x
['aa', 'a']
```

（3）增加列表中的元素可以使用"＋"、append()方法、extend()方法以及 insert()方法。

```
>>> x = [1,2,3]
>>> x = x + ['a','b','cc']
>>> x
[1, 2, 3, 'a', 'b', 'cc']
>>> x.append(4)
>>> x
[1, 2, 3, 'a', 'b', 'cc', 4]
>>> x.append([33,44])
>>> x
[1, 2, 3, 'a', 'b', 'cc', 4, [33, 44]]
>>> x.extend([55,66])
>>> x
[1, 2, 3, 'a', 'b', 'cc', 4, [33, 44], 55, 66]
>>> x.insert(3,'abc')
>>> x
[1, 2, 3, 'abc', 'a', 'b', 'cc', 4, [33, 44], 55, 66]
```

"＋"与 extend()方法功能相同。append()与 insert()方法一次只能给列表增加一个元素。

（4）为列表元素赋值时使用切片赋值方式可以删除或者增加列表元素。

```
>>> x = [1,2,3]
>>> x[0] = ['a','b','c']
>>> x
[['a', 'b', 'c'], 2, 3]
>>> x[0:2] = [11,22,33,44]
>>> x
[11, 22, 33, 44, 3]
>>> x[5:7] = [55,66]
>>> x
[11, 22, 33, 44, 3, 55, 66]
>>> x[0:4] = [0]
>>> x
[0, 3, 55, 66]
```

（5）使用 count()方法计算某个元素在列表中出现的次数；使用 index()函数查找元素在列表中第 1 次出现的索引。

```
>>> x = ['aa','a','b','a','abc']
>>> k = x.count('a')
>>> k
2
>>> k1 = x.index('a')
>>> k1
1
```

（6）sort(key=None, reverse=False)方法将列表中元素按原址排序，reverse()方法将列表中元素按原址反转。

```
>>> x = [8,99,34,56,77,8,9,11]
>>> x.reverse()
>>> x
[11, 9, 8, 77, 56, 34, 99, 8]
>>> k = x.sort()
>>> k
>>> x
[8, 8, 9, 11, 34, 56, 77, 99]
>>> x.sort(reverse = True)
>>> x
[99, 77, 56, 34, 11, 9, 8, 8]
>>> y = ['aaaa','bb','abc']
>>> y.sort(key = len)
>>> y
['bb', 'abc', 'aaaa']
```

原址的意义在于变化后的列表存放在原地址，那么列表本身的值变化了，所以 sort()与 sorted 不同。

（7）copy()方法复制原列表，返回；clear()方法清除列表中的元素，列表变量不清除。请区别 clear()与 del 方法。

```
>>> x = [77,33,5,9,1]
>>> y = x.copy()
>>> y[0] = 22
>>> y
[22, 33, 5, 9, 1]
>>> x
[77, 33, 5, 9, 1]
>>> z = x
```

```
>>> z[0] = 22
>>> z
[22, 33, 5, 9, 1]
>>> x
[22, 33, 5, 9, 1]
>>> x.clear()
>>> x
[]
>>> del x
>>> x
Traceback (most recent call last):
    File "< pyshell ♯ 78 >", line 1, in < module >
      x
    NameError: name 'x' is not defined
```

4.3　元　　组

　　元组是以圆括号括起来的序列,其元素不可变,相当于一个只读的列表。元组没有类似remove()、pop()等方法。前述序列的通用方法与操作可用于元组。另外,元组有 count()和index()两种自己的方法。

```
>>> x = (1,2,6,22,2)
>>> x.count(2)
2
>>> x.index(6)
2
>>> print(x[2])
6
>>> 6 in x
True
>>> x = x + (5,6,7)
>>> x
(1, 2, 6, 22, 2, 5, 6, 7)
>>> x = (0,) + x
>>> x
(0, 1, 2, 6, 22, 2, 5, 6, 7)
>>> x = x[2:6]
>>> x
(2, 6, 22, 2)
```

```
>>> x[2] = 55
Traceback (most recent call last):
    File "< pyshell #3 >", line 1, in < module >
        x[2] = 55
TypeError: 'tuple' object does not support item assignment
```

由这些示例可以看出，元组的元素不可改变，其是指在一个元组中已经存在的元素不能改变。但是，可以在现有元素的前面和后面增加元素，也可以截取元组中的一段元素。

4.4　字符串

4-2 对象的不变性

字符串是字符的序列。Python 中的字符串常量可以以单引号、双引号和三引号括起来。其中，三引号可以是三个单引号或者三个双引号，主要用于多行字符串的边界。三引号括起来的串可以作为 Python 程序的注释。

作为序列，字符串元素不可由索引后赋值、切片后赋值来改变，但是，像 replace() 这样的方法可以改变字符串中元素的值。其可以在字符串前或后增加字符来加长字符串，也可以截取子串。

```
>>> x = 'this is a book.'
>>> x[1:3] = 'aaa'
Traceback (most recent call last):
    File "< pyshell #26 >", line 1, in < module >
        x[1:3] = 'aaa'
TypeError: 'str' object does not support item assignment
>>> x = x + 'ppp'
>>> x
'this is a book.ppp'
>>> max(x)
't'
```

除了前述序列通用的操作与方法，如索引、切片、+、*、len()、max()、min() 等，字符串本身还有较丰富的方法。在 Python Shell 中设置一个字符串 s = '12abc'，之后，输入"s."，等一会儿可以查看字符串的全部方法。本书只介绍常用的字符串方法。设 x 是一个字符串，它的主要方法如表 4-3 所示。

表 4-3　常用的字符串方法

方法	功能
x.find(sub,[start[,end]])	在字符串 x 中查找子串 sub 第 1 次出现的索引
x.replace(old,new[,count])	替换字符串中第 1 个 old 子串为 new 子串，如果加 count 参数，则替换前 count 个
x.split(sep = None,maxsplit = − 1)	将字符串以 sep 中的字符串划分开形成列表，返回列表

方法	功能
x.join(sequence)	将字符串序列连接为一个字符串,返回连接后的字符串
x.strip()	将字符串开头和末尾的空格(不包括中间的空格)删除,并返回删除后的结果
x.lower()	将字符串中所有字母变为小写,返回变为小写的字符串
x.upper()	将字符串中所有字母变为大写,返回变为大写的字符串
x.isalpha()	判断字符串中是否所有字符均为英文字母,是返回 True,否则返回 False

（1）find()方法用于查找字符串中的子串；replace()方法用于查找子串,并替换为另一个子串。

```
>>> x = 'this is a book.'
>>> k = x.find('is')
>>> k
2
>>> x.find('is',4)
5
>>> y = x.replace('is','IS',2)
>>> x
'this is a book.'
>>> y
'thIS IS a book.'
```

（2）split()方法用于将字符串划分,形成列表；join()方法用于将字符串列表连接成为一个字符串。

```
>>> x = 'this is a book.'
>>> y = x.split()
>>> y
['this', 'is', 'a', 'book.']
>>> y1 = x.split(sep = 'is')
''' 设置划分用的字符串,默认值为 1 个空格 '''
>>> y1
['th', '', ' a book.']
>>> y2 = x.split(sep = 'is',maxsplit = 1)
''' 设置划分的最大次数,默认值为 - 1,表示不限次数。清单划分
1 次,可生成 2 个子串 '''
>>> y2
['th', ' is a book.']
```

（3）strip()方法用于删除字符串的首尾空格。

```
>>> x = '   This is a book.        '
>>> y = x.strip()
>>> y
'This is a book.'
>>> x
'   This is a book.        '
```

（4）lower()方法用于将字符串中所有字母变为小写；upper()方法用于将字符串中所有字母变为大写。

```
>>> x = 'Oh! This is a Book.'
>>> y = x.lower()
>>> y
'oh! this is a book.'
>>> x
'Oh! This is a Book.'
>>> y1 = x.upper()
>>> y1
'OH! THIS IS A BOOK.'
```

（5）isalpha()方法用于判断一个字符串中是否所有字符均为字母。类似的字符串内容判断方法还有 isdigit()、isspace()、isalnum()、islower()、isdecimal 等。这些方法的具体意义可以通过实验或者查询相关资料来学习。

```
>>> x = 'Oh! This is a Book.'
>>> x.isalpha()
False
>>> x = 'sdfABC'
>>> x.isalpha()
True
>>> x = '45.78'
>>> x.isdigit()
False
>>> x = '346'
>>> x.isdigit()
True
```

4.5　字　典

现实问题中，在数据集合中访问或者查询数据用索引不方便。例如，有一个由学生姓名和成绩组成的集合，欲在其中查找"王小红"的成绩。因为不知道王小红和她的成绩存放在哪个位置,用序列的索引就不方便。字典是以"键—值"对存放的无序数据集合。"键—值"对是字典的元素,访问其中的元素要以"键"来访问。

字典的键可以是字符串、整数、元组或字典。列表不能作为字典的键,因为列表是可变的。同一个字典中,相同的键只出现一次,它是访问其中数据的索引。如果给一个键重复赋值,后赋的值将覆盖前面的值。字典没有"+"和"*"操作,给字典增加元素可以采用update()方法。

```
>>> x = {'张三':89,'赵四':76,'王小红':77,'李刚':92}
>>> x['王小红']
77
>>> x = {'张三':89,'赵四':76,'王小红':77,'李刚':92,'王小红':88}
>>> x
{'张三': 89,'赵四': 76,'王小红': 88,'李刚': 92}
>>> x.keys()
dict_keys(['张三','赵四','王小红','李刚'])
```

设 x 是一个字典,字典的主要方法如表 4-4 所示。

表 4-4　常用的字典方法

方法	功能
x.keys()	返回字典中的键
x.values()	返回字典中的值
x.items()	返回字典中的"键—值"对
x.pop(key)	返回字典中 key 对应的值,同时字典中对应的元素删除
x.update(dd)	dd 是字典,以 dd 中的内容更新 x 的内容
x.get(key[,d])	返回 key 对应的值,如果 key 不在字典中,则返回 d,d 默认值为 None

(1)用 x.keys()、x.values()、x.items()方法获取字典中的元素。三种方法返回的类型分别为:dict_keys、dict_values、dict_items。这三种类型可以用 in 确定其成员,但不能用索引或切片访问其成员。这三种类型均可转化为列表类型,之后,用索引或切片访问其成员。

```
>>> x = {'张三': 89,'赵四': 76,'王小红': 88,'李刚': 92}
>>> y1 = x.keys()
>>> y1
dict_keys(['张三','赵四','王小红','李刚'])
>>> '赵四' in y1
True
>>> y1[1]
Traceback (most recent call last):
```

```
        File "< pyshell # 35 >", line 1, in < module >
            y1[1]
TypeError: 'dict_keys' object does not support indexing
>>> k1 = list(y1)
>>> k1
['张三','赵四','王小红','李刚']
>>> x.items()
dict_items([('张三', 89), ('赵四', 76), ('王小红', 88),
('李刚',92)])
>>> x.values()
dict_values([89, 76, 88, 92])
```

（2）get(key)方法返回字典中 key 对应的值,get()后字典的内容不变。pop(key)方法返回字典中 key 对应的值,pop()后字典中对应的元素删除。

```
>>> x = {'张三': 89,'赵四': 76,'王小红': 88,'李刚': 92}
>>> y1 = x.get('王小红')
>>> y1
88
>>> x
{'张三': 89,'赵四': 76,'王小红': 88,'李刚': 92}
>>> y = x.pop('赵四')
>>> x
{'张三': 89,'王小红': 88,'李刚': 92}
>>> y
76
```

（3）x.update(dd)方法,以字典 dd 的内容去更新 x 的内容。当 dd 中含有与 x 相同的 key 时,其对应的值更新为 dd 中 key 对应的值;当 dd 中含有与 x 不相同的 key 时,其对应的"键—值"对将添加到 x 中。

```
>>> x = {'张三': 89,'赵四': 76,'王小红': 88,'李刚': 92}
>>> x1 = {'aa':20,'bb':88,'cc':90,'赵四':55}
>>> x.update(x1)
>>> x
{'张三': 89,'赵四': 55,'王小红': 88,'李刚': 92, 'aa': 20,
'bb': 88, 'cc': 90}
```

4.6　序列与字典编程实例

【例 4-1】　输入一个序列,其中包含表示年和月的两个整数,判断这个月有多少天?
解析:包含表示年和月的两个整数的序列,在程序中只提供数据,不需要修改其元素,所以,采用列表或元组均可,如[2015,5],(2015,5)。当然,只包含 2 个整数的序列,采用列表或元组,其运行效率没有差别。因为元组的元素不能修改,当序列中包含大量元素时,元组的使用效率高。

　　Python 3.x 中,input()函数返回的值是字符串,eval(<字符串>)能够以 Python 表达式的方式解析并执行字符串,并将返回结果输出,相当于去掉字符串的两个引号,将其解释为一个变量。

　　一年中,大月 31 天,小月 30 天,闰年的 2 月 29 天,平年的 2 月 28 天。闰年是年份能被 4 整除但不能被 100 整除,或者是年份能被 400 整除的年份。

　　程序代码如下:

```
x = eval(input('请输入一个年月序列:'))
print(type(x))
print( x[0])
print (x[1])
if x[1] in (1,3,5,7,8,10,12):
    d = 31
elif x[1] in (4,6,9,11):
    d = 30
elif x[1] == 2:
    if x[0] % 4 == 0 and x[0] % 100 > 0 or x[0] % 400 == 0:
        d = 29
    else:
        d = 28
else:
    d = 0
    print('输入的月份值有误')
if d > 0:
    print ("天数是:",d)
运行效果 ======
请输入一个年月序列:[2015,3]
< class 'list'>
2015
3
天数是:31
运行效果 ======
请输入一个年月序列:[2015,6]
< class 'list'>
2015
6
```

```
天数是：30
运行效果 ======
请输入一个年月序列：(2016,2)
< class 'tuple'>
2016
2
天数是：29
运行效果 ======
请输入一个年月序列：(2018,22)
< class 'tuple'>
2018
22
输入的月份值有误
```

【例 4-2】 斐波那契数列由 0 和 1 开始，之后的每一个数值均由其前面的两数相加得到，如 0,1,1,2,3,5,8,…。编写程序计算此数列的前 30 个值，并按顺序存入一个列表。

解析：令列表 x=[0,1]，之后，用循环扩展它的元素。在列表后面增加元素，可以用＋、extend()或 append()。

程序代码如下：

```
x = [0,1]
for i in range(2,30):
    x.append(x[i - 2] + x[i - 1])
print(x)
```

【例 4-3】 输入一个字符串，将它的字符反转后输出。

解析：字符串没有 reverse()方法，但可以借用列表的 reverse()方法。当然也可以用循环从尾向头取出每个字符重新生成一个字符串等方法。

程序代码如下：

```
x = input('a string:')
y = list(x)
y.reverse()
x = "".join(y)
print( x)
```

【例 4-4】 一个字典存放了人名和这个人喜欢的若干城市名，遍历这个字典，打印字典中每个人喜欢的城市。

解析：人名作为键。每个人喜欢的城市有若干个，可以用列表存放。因为字典的内容较多，不用 input 输入，直接写在程序中。

程序代码如下：

```
    x = {'赵一':['北京','上海'],'钱二':['杭州','宁波','西安'],'
孙三':['绍兴','长春'],'李四':['北京'],'周五':['宁波','西安','
乌鲁木齐'],'吴六':['乌鲁木齐']}
    for k in x.keys():
        print(k,end = "")
        print('喜欢的城市有:',end = "")
        k1 = len(x[k])
        '''k1 是他喜欢的城市的列表长度'''
        for i in range(0,k1):
            if i < k1 - 1:
                print(x[k][i],end = ",")
                '''x[k][i]是他喜欢的城市里中的第 i 个'''
            else:
                print(x[k][i])
                ''' 最后一个城市名后面换行'''
运行结果 ======
赵一喜欢的城市有:北京,上海
钱二喜欢的城市有:杭州,宁波,西安
孙三喜欢的城市有:绍兴,长春
李四喜欢的城市有:北京
周五喜欢的城市有:宁波,西安,乌鲁木齐
吴六喜欢的城市有:乌鲁木齐
```

4.7 习 题

1.问答题

(1)常见的 Python 序列有哪些?

(2)列表与元组有哪些共同点、哪些不同点?

2.填空题

(1)列表、元组、字符串是 Python 的( )(有序/无序)序列。字典是( )(有序/无序)的集合。

(2)表达式[1,2,3] * 3 的执行结果为( )。表达式(1,2,3) * 3 的执行结果为( )。表达式'123' * 3 的执行结果为( )。

(3)表达式"[2] in [1,2,3,4]"的值为( )。

(4)列表对象的 sort()方法用来对列表元素进行原地排序,该函数返回值为( )。

(5)任意长度的 Python 列表、元组和字符串中最后一个元素的索引为( )。

(6)Python 语句 list(range(1,10,3))的执行结果为( )。

(7)( )命令既可以删除列表中的一个元素,也可以删除整个列表。

(8)x 是一个列表,操作 x[1:3]=[4,5,6]使得 x 的长度( )(增加/减少)1。

(9)字典中多个元素之间使用（　　　）分隔开，每个元素的"键"与"值"之间使用（　　　）分隔开。

(10)已知 x＝{'a':11}，那么执行语句 x{'b':22}之后，x 的值为（　　　）。

(11)表达式 'hello world!'.upper()的值为（　　　）。

(12)表达式 'hello world!'.capitalize()的值为（　　　）。

3.编程题

(1)输入一个序列，其中包含表示年、月、日的三个整数，然后判断这个日期是当年的第几天？

(2)输入一个字符串，记录其中大写字母个数、小写字母个数以及数字的个数。

(3)对于一个英文句子字符串，其中单词以空格分隔，并且除了单词与空格，句子中不含其他标点。请设计一个算法，在字符串的单词间做逆序调整，也就是说，字符串由一些以空格分隔的部分组成，你需要将这些部分逆序。例如，输入："dog loves pig"，则输出应为："pig loves dog"。

(4)有 1、2、3、4 四个数字，能组成多少个互不相同且无重复数字的三位数？将这些数加入一个列表中，并输出。

(5)已知 20 个成绩，将其存入一个列表中（请注意，不是字典，没有姓名，只有成绩），请对其进行统计，输出优（90～100）、良（80～89）、中（60～79）、差（0～59）四个等级的人数。

(6)勾股定理中 3 个数的关系是：$a^2＋b^2＝c^2$。找出 30 以内的（$c≤30$）所有满足这个关系的三元组，并作为元组加入一个列表中。

第 5 章

Python 函数与模块

一般将系统或大程序可划分为若干功能较完整、较单一的小模块，之后，分别编制各个模块。Python 的模块可以是模块或者函数。通过使用模块，程序的编写、复用、阅读、测试都将更容易。

5.1 函　　数

将复杂程序中较完整的功能分离出来，定义为函数，作为独立的单元来使用。函数可以为不同的程序共享，同时使程序更清晰和容易调试。

Python 函数有两大类：系统函数和用户定义的函数。系统函数又称内置函数。Python 将通用的函数或者各类对象常用的操作定义为内置函数，也可称内置方法，方便在程序中调用。比如之前叙述的 len

5-1 函数形参与实参的变化

（）函数、列表的 reverse（）方法等。当程序需要，而 Python 中没有定义时，用户可以用 def 写自己的函数程序。这些由用户自己编写的函数程序，被称为用户定义的函数。

5.1.1　函数的声明与调用

Python 声明函数的语法为：

> def <函数名>（[<形参列表>]）：
> 　　[<函数体>]

其中，def 为定义函数的关键字。圆括号中是函数的参数。在第 1 行的末尾的冒号后，下面的函数体整体缩进。在函数体中，通过 return 返回值，return 空或者没有 return 的函数返回空（None）。

【例 5-1】 已知三角形三边为 a、b、c，计算三角形面积的海伦公式为：

$$x=(a+b+c)/2, s=\sqrt{x(x-a)(x-b)(x-c)}$$

编写一函数，利用海伦公式计算面积。

解析：a、b、c 是函数的形式参数。计算平方根需要引入 math 模块。math 模块是

Python 标配的模块,其集成了数学上常用的函数。在 Python Shell 中执行 import math 后,输入"math.",等一会儿可以看到如图 5-1 所示的 math 中的函数。当然,import math 后,执行"help(math)"可以更清楚地看到此模块中的全部函数。

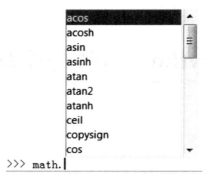

图 5-1　math 中的函数

程序代码如下:

```
def hlmj(a,b,c):
    import math
    if a+b<=c or b+c<=a or a+c<=b:
        print('三边不能构成三角形')
        return
    else:
        x=(a+b+c)/2
        s=math.sqrt(x*(x-a)*(x-b)*(x-c))
        return s
```

将此函数保存为 D:\pythontest\mm.py。保存后按 F5 运行。我们会发现 Python shell 中没有结果,但是可以看到 D:\pythontest\mm.py 启动了(下面结果的第 1 行)。因为直接按 F5 时,没有给 a、b、c 赋值。但是,这之后,执行 hlmj(3,4,5)可以得到结果。因为之前的 F5 相当于 from mm import *,引入了 mm.py,使得 hlmj()函数可用了。这与 import math 之后,就可以使用 math.sqrt()同理。引入 os 模块,用 os.getcwd()查看当前路径,发现当前路径已经在"D:\pythontest",这是之前按 F5 的另一个作用。

程序运行结果如下:

```
====== RESTART: D:/pythontest/mm.py ======
>>> hlmj(3,4,5)
6.0
>>> hlmj(2,7,8)
6.437196594791867
>>> hlmj(1,2,5)
三边不能构成三角形
```

```
>>> import os
>>> os.getcwd()
'D:\pythontest'
```

【例 5-2】　编写程序,输入三角形三边,调用例 5-1 的函数,输出面积。
程序代码如下:

```
import mm
x = eval(input('输入三角形三边的值:'))
print(type(x))
a1 = x[0]
a2 = x[1]
a3 = x[2]
print(mm.hlmj(a1,a2,a3))
运行结果 ======
输入三角形三边的值:3,4,5
< class 'tuple' >
6.0
运行结果 ======
输入三角形三边的值:[2,2,2]
< class 'list' >
1.7320508075688772
运行结果 ======
输入三角形三边的值:[2,'abc',4]
< class 'list' >
Traceback (most recent call last):
    File "D:\pythontest\t1.py", line 7, in < module >
            print(mm.hlmj(a1,a2,a3))
    File "D:\pythontest\mm.py", line 3, in hlmj
            if a + b <= c or b + c <= a or a + c <= b:
TypeError: unsupported operand type(s) for + : 'int' and 'str'
```

在程序中,print(type(x))是为了看清经过 eval()后,数据的类型。程序保存为 D:\pythontest\t1.py。请注意,t1.py 与前面的 mm.py 保存在同一文件夹下面,才可以直接使用 import mm 来引入其中的函数。两个文件不在同一文件夹下,调用方法请参考有关资料。当然,本程序可以直接放在 mm.py 中 hlmj()定义的下面,使得函数和调用它的程序在同一文件中,那么 import mm 就不需要了。

调用函数采用:

```
<函数名>([<实参列表>])
```

在形式参数没有提供默认值,同时,实际参数没有写出形参名称的情况下,调用语句中的实参列表中值的个数、类型、顺序要与形参严格一致。否则,在函数运行过程中会出错,如例 5-2 的最后一个运行结果。

5.1.2 函数的形式参数与实际参数

形式参数是写在定义函数时的参数列表中的参数,参数间以逗号分隔。函数定义时,这些参数还没有被调用,也就没有实际的值。函数定义时,可以定义形参的默认值。形式参数的类型,通过函数中的使用过程确定。调用函数时,调用语句要将参数的实际值传递给函数,为实际参数。形式参数和实际参数具有以下特点:

(1)形式参数只代表参数的个数、顺序与类型。它们只能是变量名,不能是常量或者表达式。

(2)函数被调用时,形式参数才被分配存储单元。调用结束后,这些单元被释放。形式参数的值只存在于函数被调用的过程中。

(3)实际参数要有确定的值,可以是常量、变量、表达式、函数等。参数的类型可以是Python 定义的任何类型。它们值的类型最终要与对应的形式参数的类型一致。

Python 语言中所有的值均为对象。函数调用时,实际参数将自己的地址传递给对应的形参,使得它们共同引用其中的值。如果在函数中,形式参数的值改变了,那么形式参数就指向了另外的值(对象)的地址。但是,这个过程中实际参数的引用并没有变化。所以,函数中形式参数的值的变化对对应的实际参数的值没有影响。

【例 5-3】 编写函数,将三个值从大到小排序。再编写主程序调用它。

解析:本例将函数和主程序写在一个文件中。在函数中将三个值从大到小排序,采用了比较换位的方法。当然,也可以借助列表的 sort() 等方法来排序,请读者自行编写。为了显示程序中一些值的变化,程序中安排了若干条打印语句。在本程序的运行结果示例中输入的是三个整数值,也可以输入字符串(输入时用引号括起来,如"abc")和其他类型来排序。

程序代码如下:

```
def ss(x1,x2,x3):
    print('排序前 x1,x2,x3 的地址 ',id(x1),id(x2),id(x3))
    if x1 < x2:
        x = x1;x1 = x2;x2 = x
    if x3 > x1:
        x = x1;y = x2
        x1 = x3;x2 = x;x3 = y
    elif x3 > x2:
        x = x2;x2 = x3;x3 = x
    print(type(x1))
    print('排序后 x1,x2,x3 的地址 ',id(x1),id(x2),id(x3))
    print('排序后 x1,x2,x3 的值 ',x1,x2,x3)
    return x1,x2,x3
''' 主程序 '''
a = eval(input('第 1 个值:'))
b = eval(input('第 2 个值:'))
c = eval(input('第 3 个值:'))
print('调用前 a,b,c 的地址 ',id(a),id(b),id(c))
```

```
        print('调用后返回排序过的值',ss(a,b,c))
        print('调用后 a,b,c 的值',a,b,c)
        运行结果 ======
        第 1 个值:5
        第 2 个值:45
        第 3 个值:2
        调用前 a,b,c 的地址 1419949248 1419950528 1419949152
        排序前 x1,x2,x3 的地址 1419949248 1419950528 1419949152
        < class 'int' >
        排序后 x1,x2,x3 的地址 1419950528 1419949248 1419949152
        排序后 x1,x2,x3 的值 45 5 2
        调用后返回排序过的值（45，5，2）
        调用后 a,b,c 的值 5 45 2
```

return x1,x2,x3 语句返回的是一个元组,也就是 ss()函数的返回结果。return 语句后面的表达式一般要在函数中有明确的值,值的类型可以是 Python 中的各种类型。函数中遇到 return 语句就结束,同时返回函数值。return 后面为空时,或者 return 后面表达式没有值时,只结束函数,返回的值为 None。

5.1.3　函数参数的各种变化

"def ss(x1,x2,x3):",这样的函数定义是最简洁的方式。调用这样的函数时,实际参数的个数、类型要相同,但顺序是可以调整的。

【例 5-4】　编写函数实现将两个变量的值交换。再编写主程序调用它。

程序代码如下:

```
        def jh(a,b):
            x = a;a = b;b = x
            return [a,b]
        """主程序"""
        x1 = eval(input('输入第 1 个值:'))
        x2 = eval(input('输入第 2 个值:'))
        print('交换后的值:',jh(x1,x2))
        print('交换后的值:',jh(a = x1,b = x2))
        print('交换后的值:',jh(b = x2,a = x1))
        运行结果 ======
            输入第 1 个值:'abc'
            输入第 2 个值:'efg'
            交换后的值:['efg', 'abc']
            交换后的值:['efg', 'abc']
            交换后的值:['efg', 'abc']
```

在调用函数时,没有明确写出形式参数的名称时,实际参数的个数、类型、顺序要与形式参数一致。调用时,明确写出形式参数的名称,那么实际参数的顺序是可以调整的。

定义函数时,可以给形式参数设置默认值。设置默认值的参数,在调用时可以不赋值。如果调用时实际参数的类型与形式参数的默认值类型不一致,则以实际参数值的类型为准。如果定义一个函数的形式参数中部分有默认值,部分没有默认值,要把有默认值的形式参数集中写在右端。

【例 5-5】 带有默认值的形式参数的函数调用示例。

程序代码如下:

```
def func(a,b = 5,c = 'abc'):
    print('a = ',a)
    print('b = ',b)
    print('c = ',c)
    return
运行结果 ======
>>> func(33)
a = 33
b = 5
c = abc
>>> func(c = 'we',a = 'aaa')
a = aaa
b = 5
c = we
>>> func(45,2)
a = 45
b = 2
c = abc
>>> func(45,b = 'bbb')
a = 45
b = bbb
c = abc
```

Python 的函数,可以通过接收不定长的列表、不定长的元组等,使传入函数的参数实际个数可变。另外,在定义形参时,如果在参数名前面加一个"＊",表示它可以接收任意多个值,这些值将形成元组,赋给形参;如果在参数名前面加两个"＊",表示它可以接收任意多个"键—值"对,它们将形成一个字典,赋给形参。

程序代码如下:

```
def func1(a, * b, ** c):
    print('a = ',a)
    print('b = ',b)
    print('c = ',c)
    return
运行结果 ======
>>> func1('abc',5,66,22,x1 = 11,x2 = 22,x3 = 33)
a = abc
b = (5, 66, 22)
c = {'x1': 11, 'x2': 22, 'x3': 33}
>>> func1(66,77,88)
a = 66
b = (77, 88)
c = { }
```

5.1.4　Lambda 函数

Lambda 函数用于定义一些简单函数,它是函数的一种简化写法。其语法如下:

　　　　Lambda 形式参数: 表达式

【例 5-6】　定义一个能计算两个数的平方和的函数,并调用。

程序代码如下:

```
>>> kk = lambda x,y: x ** 2 + y ** 2
>>> kk(1,2)
```

5.2　变量的作用域

变量的作用域是指变量在哪个范围有效。Python 中直接赋值使用的变量均为局部变量,它们只在定义它的函数或者过程中有效。在前述的例子中使用的变量均为局部变量。在给变量赋值前,用 global 说明变量为全局变量,则变量就在整个程序中有效。

【例 5-7】　在主程序中定义的变量,对其中的函数来说是全局的。

解析:在函数中,遇到一个变量名,计算机先查看它在本函数内是否有定义,如果有定义则认定它是函数内部的变量,它的值由函数内部的定义确定;如果变量在函数内部无定义,则到函数外的主程序中找是否有同名变量,有则认定它是主程序中的变量,其值由主程序中定义,并与主程序共享。本程序中,整个程序由函数 f1()、f2()和主程序构成。在主程序中定义的变量 a=6,在整个程序中有效,包括在 f1()和 f2()中。

程序代码如下:

```
def f1():
    print(a)
def f2():
    a = 9.8
    print('f2 中的 a:',a)
a = 6
f1()
f2()
print('主程序中的 a:',a)
运行结果 ======
6
f2 中的 a: 9.8
主程序中的 a: 6
```

【例 5-8】 以全局变量的形式,编写函数。函数的功能是交换两个变量的值。

解析:jh2()函数不需要接收传入的值。a 和 b 是全局变量,它们的值在函数中交换后,在主程序中也有效。global a 和 global b 两条语句明确说明在 jh2()函数中的两个变量使用的是全局变量,而不是自己内部的局部变量。a 和 b 在函数和主程序中共享,所以,在函数中交换了它们的值,回到主程序后仍有效。

程序代码如下:

```
def jh2():
    global a
    global b
    print('函数内部')
    print('a = ',a)
    print('b = ',b)
    x = a;a = b;b = x
    return
''' 主程序 '''
a = 10;    b = 20
jh2()
print('函数执行后')
print('a = ',a)
print('b = ',b)
运行结果 ======
函数内部
a = 10
b = 20
函数执行后
a = 20
b = 10
```

　　global a 和 global b 似乎不是必须写的？因为，在例 5-7 中："在主程序中定义的变量，对其中的函数来说是全局的。"然而，本例中，将 jh2( )函数中的 global a 和 global b 两条语句删除后，再运行，则会在 print('a = ',a)语句出错。错误的提示是："a 的值还没有确定。"原因是，hj2( )中有"a＝b；b＝x"这样的语句，相当于 a 和 b 的定义，则 a 和 b 被认定为函数内的局部变量。将 global a 和 global b 两条语句删除后，"print('a = ',a)"语句在"a＝b；b＝x"之前，所以出现"a 的值还没有确定"这样的错误。

5.3　模　　块

　　模块是 Python 程序的组织单元，是将程序的代码和数据封装起来以便使用。可以将多个函数和数据写在一个模块中。当一个模块被整体引入时，其中的函数和变量均可调用。模块用于封装和组织代码，同时方便重复调用。Python 模块分为：

5-2 引入模块

　　(1)内置模块。内置模块——builtins，这个模块在 Python 启动时自动引入，在程序或 shell 中可以直接调用，也就是 Python 的内置函数。例如，str( )、int( )、max( )等常用函数均在此模块中。另外一些内置模块，如 os、sys、re、math、time、random 等，需要引入后使用。

　　(2)第三方模块。这类模块通常开源，可以下载、安装、引入使用。Python 有丰富的第三方库，这些库是模块的集合。如人工智能库、图像处理功能库、自然语言处理库等。这些第三方库仍在增加和增强，使得利用 Python 开发应用更便捷，也使得 Python 更流行。

　　(3)用户定义的模块。用户根据应用需要自己开发的模块。

　　三类模块引入的方法相似。模块引入的三种方法是：

　　①import modulename。

　　②from modulename import function1，function2，…，var1，var2，…。

　　③from modulename import ＊。

　　第一种方法引入了整个模块，包括其中的变量和函数。在调用其中的变量或模块时，需要"modulename."，后面加函数和变量的名称。第二种方法引入了模块中某些函数和变量，在调用其中的变量或模块时只需用函数和变量的名称。第三种方法引入了整个模块，包括其中的变量和函数。在调用其中的变量或模块时只需用函数和变量的名称。

　　【例 5-9】　模块定义和引用示例。下面程序存放在 D:\ptest\t1.py。它是一个模块，内部包含了 3 个变量 x、y 和 pi。包含 3 个函数，功能分别为：打印 x 和 y 的值，输入半径计算圆的面积，输入两个数值计算其根号下的平方和。通过运行过程解析此模块被引入的方式和调用方法。

　　解析：通过 IDLE 打开 Python Shell 时，当前默认的路径是 Python 安装时确定的。当然，这个路径可以重新设置。要引入 t1.py，需要将当前路径改为"D:\ptest"。这需要 os 模块中的 chdir( )方法。用 import t1 引入模块后，其中的变量与函数均可调用，调用时要冠以"t1."。

　　程序代码和运行结果如下：

```
# 保存为 D:\ptest\t1.py
    x = 10;y = 35.78;pi = 3.14
    def f1():
        print(x,y)
    def f2(r):
        print("以其为半径的圆的面积是:",pi * r * r)
    def f3(x1,x2):
        from math import sqrt
        print("其平方和再开根号后的值为:",sqrt(x1 * x1 + x2 * x2))
运行结果 ======
>>> import os
>>> os.chdir("D:\ptest")
>>> import t1
>>> t1.y
35.78
>>> t1.f2(2)
以其为半径的圆的面积是: 12.56
>>> f1()
Traceback (most recent call last):
    File "< pyshell # 33 >", line 1, in < module >
        f1()
NameError: name 'f1' is not defined
```

重新设置环境:通过"shell","restart shell"重新启动 Python Shell;引入 os 模块,调用 chdir()方法将当前路径改为"D:\ptest"。之后,运行以下程序代码。

```
>>> from t1 import x,y,f3
>>> x
10
>>> f3(3,4)
其平方和再开根号后的值为: 5.0
>>> f2(2)
Traceback (most recent call last):
    File "< pyshell # 39 >", line 1, in < module >
        f2(2)
NameError: name 'f2' is not defined
```

再重新设置环境,之后运行下面一段程序。

```
>>> from t1 import *
>>> f1()
10 35.78
>>> f2(2)
以其为半径的圆的面积是：12.56
>>> x + y
45.78
```

Python 通用的模块中，如 math 模块，包含了较多的功能（常量值或者函数）。在引入时，使用第二种方法效率比较高。例如，t1 模块中，f3()函数使用"from math import sqrt"只引入了 sqrt()函数。

前述的例子中，将当前路径改为存放模块的路径，之后用 import 引入，这是最直接的方式，但不是必需的。可以通过给 Python 加搜索路径的方式引入不在当前路径中的模块，具体方法请参阅相关资料。

Python 的内置模块，如 os、sys、re、math、time、random 等，其功能也非常实用。以下列出一些主要的模块及其主要的功能。

（1）os 模块集成了操作系统中的主要功能。可以在程序或 Shell 中调用这些功能，完成系统操作。

os. getcwd()，获取当前工作目录，即当前 Python 脚本工作的目录路径。

os. chdir("dirname")，改变当前脚本工作目录。

os. makedirs('dirname1/dirname2')，可生成多层目录。

os. removedirs('dirname1')，若目录为空，则删除，并递归到上一级目录，如果也为空，则删除，依此类推。

os. mkdir('dirname')，生成单级目录。

os. rmdir('dirname')，删除单级空目录，若目录不为空则无法删除。

os. listdir('dirname')，列出指定目录下的所有文件和子目录，包括隐藏文件，并以列表方式打印。

os. remove()，删除一个文件。

os. path. exists(path)，如果 path 存在，返回 True；如果 path 不存在，返回 False。

os. path. isfile(path)，如果 path 是一个存在的文件，返回 True；否则返回 False

os. path. isdir(path)，如果 path 是一个存在的目录，返回 True；否则返回 False。

os. path. getatime(path)，返回 path 所指向的文件或者目录的最后存取时间。

os. path. getmtime(path)，返回 path 所指向的文件或者目录的最后修改时间。

（2）sys 模块集成了系统设置方面的主要功能。可以在程序或 shell 中调用这些功能，完成系统设置或者查看设置操作。

sys. argv，命令行参数 List，第一个元素是程序本身路径。

sys. version，获取 Python 解释程序的版本信息。

sys. path，返回或者设置模块的搜索路径，初始化时使用 Python path 环境变量的值。

sys. platform，返回操作系统平台名称。

(3)math 模块集成了数学的主要功能。

math. cos(x),x 是弧度,求 x 的余弦。当然,sin( )、cos( )、tan( )、asin( )、acos( )等功能都在这个模块中。

math. exp(x),求 e 的 x 次方。

math. gcd(x,y),求两数 x 和 y 的最大公约数。

math. exp(x),求 x 的平方根。

5.4 习 题

1. 问答题

(1)常见的 Python 内置模块有哪些?

(2)函数调用时实际参数传递给形式参数的是值还是引用? 形式参数的值在函数中改变后,实际参数的值是否跟着改变?

(3)查找并列出 random 模块的主要函数,解释这些函数的功能。

2. 填空题

(1)在定义函数时,某个参数名字前面带有一个 * 符号表示可变长度参数,可以接收任意多个普通实际参数并存放于一个( )之中。

(2)在定义函数时,某个参数名字前面带有两个 * 符号表示可变长度参数,可以接收任意多个( )形式的参数并将其存放于一个( )之中。

(3)执行语句 from math import sin 之后,计算 2.85 弧度的正弦值的表达式为( )。

(4)执行语句 import math 之后,计算 2.85 弧度的正弦值的表达式为( )。

(5)改变 Python 当前路径的函数为( ),此函数在( )模块中。

(6)想看到当前的搜索路径,可以调用( )模块中的( )。

(7)产生 1～100 的随机整数要调用( )模块中的( )。

(8)定义函数的形式参数时,若为一些参数设置默认值,则这些参数要集中写在形参表的( )端。

3. 编程题

(1)编写一个判断素数的函数。主程序验证一个大的偶数一定等于两个素数之和。

(2)编写一个判断素数的函数。主程序验证一个大的奇数一定等于三个素数之和。

(3)编写一个求阶乘的函数。主程序计算组合数,其公式为:

$$C_n^m = \frac{n!}{m! \ (n-m)!}$$

其中,n≥m。

(4)商场在降价促销。购买商品金额 50～100 元(包含 50 元和 100 元),会给 10% 的折扣;购买金额大于 100 元会给 20% 折扣;购买金额不足 50 元的无折扣。编写一函数,输入购买价格,输出折扣后的价格。

(5)编写函数,找出一组整数中的奇数,返回奇数的列表。主程序中随机产生一组整数,调用函数找到其中的奇数。

第 6 章

Python 文件操作

绝大多数程序在运行时都会用到数据（比如将数据作为程序的输入），程序在运行时也可能会产生数据（比如作为程序的输出）。当数据较少时，我们可以手动管理这些数据，但如果数据较多，就必须借助计算机操作系统进行处理。文件是一种长久保存数据的方法，文件处理与操作是现代程序设计中不可或缺的一部分。

6.1　什么是文件

文件可以被视作是一组数据的有序集合。处理文件时，有两个属性很重要："文件名"和"路径"。文件名指出了文件的具体名称，路径指明了文件在计算机上的存储位置。比如，在 Windows 操作系统中，计算机程序的名称是 calc. exe，它的路径是 C:\Windows\system32，即程序存储在 C 盘的 Windows 文件夹下的 system32 文件夹中。文件名 calc. exe 中，最后一个句点之后的部分称为文件的"扩展名"，它指出了文件的类型，"exe"表明文件是可执行程序。

6.2　文件的分类方式

文件的种类较多，对不同类型文件的称呼也并不统一，比如人们常说的音频文件、视频文件、word 文档、可执行文件以及备份文件等。但如果从程序设计的角度来说，文件可以分为两种：

（1）文本文件。文本文件一般由采用特定编码的字符组成（比如 UTF-8 编码），通常一个文件中会包含多行文字。文本文件的特点是容易展示和阅读。绝大部分的文本文件都可以用文字编辑软件（比如 Windows 中的记事本，Linux 中的 vim）直接打开，可以方便地进行编辑和修改。

（2）二进制文件。二进制文件的特点是没有统一的字符编码，文件内部数据的格式与文件用途有关，通常无法被人直接阅读和理解。计算机中的图片文件、音频文件、视频文件、Office 文档以及可执行程序等通常都是二进制文件，需要使用专门的程序或软件才能对它们进行编辑。

6.3 文件的基本操作方法

Python 中文件的基本操作步骤是:首先打开文件并创建一个文件对象,然后通过该文件对象对文件内容进行读、写、修改等操作,最后关闭文件。

6.3.1 打开文件

在 Python 中,打开一个文件非常简单,只需要使用 open 函数即可。open 函数格式如下:

> 文件对象 = open(文件名,[打开方式])

文件名指的是要打开的文件的名字,通常需要给出完整的文件路径。如果要打开的文件和当前运行的程序在同一个目录中,则只给出文件名即可。

文件打开方式决定了我们可以对文件进行的操作。常见的打开方式有只读、读写、追加等,更多的打开方式如表 6-1 所示。

表 6-1　文件的打开方式

方式	含义
r	只读方式,如果文件不存在,会返回一个异常
w	覆盖写方式,如果文件不存在则创建,存在则会覆盖
x	创建写方式,如果文件不存在则创建,存在则会返回异常
a	追加方式,如果文件不存在则创建,存在则在源文件最后进行追加
b	二进制方式
t	文本方式,该方式是 open 函数的默认值
+	与 r/w/x/a 一起使用,功能是在原有基础上增加读写功能

假设计算机中有一个文本文件,文件名为 textfile1.txt,完整路径为 E:\textfile1.txt。

【例 6-1】　只读方式打开 textfile1.txt。

程序代码如下:

> f1 = open('E:\textfile1.txt','r')

上述代码执行后的结果是 open 函数以只读方式打开了文件 textfile1.txt,并且返回了一个文件对象 f1,通过 f1 可以对 textfile1.txt 进行内容读取。

注意:虽然文件的完整路径为 E:\textfile1.txt,但在 Python 程序中,我们也可将其写作 E:\textfile1.txt。

【例 6-2】　以写的方式打开文件 E:\textfile1.txt。

程序代码如下:

> f1 = open('E:\textfile1.txt','w')

上述代码执行后的结果是 open 函数以写方式打开了文件 textfile1.txt,用户可以通过文件对象 f1 实现文件内容的写入。

【例 6-3】　打开文件 textfile1. txt，既可以读取文件内容，也可以进行写操作。

程序代码如下：

```
f1 = open('E:\textfile1.txt','r+')
```

上述代码执行后的结果是 open 函数以读写方式打开了文件 textfile1. txt，用户可以通过文件对象 f1 实现文件内容的读取，也可以写入新的内容。

6.3.2　关闭文件

文件使用结束后，可以使用 close()函数将其关闭，释放文件的使用权。close()函数用法如下：

```
文件对象.close()
```

比如使用如下代码将文件打开：

```
f1 = open('E:\textfile1.txt','r')
```

操作完成后，关闭该文件的语句为：

```
f1.close()
```

6.3.3　读取文件内容

Python 中文件的读取方法较多，实现的功能也各有不同，其中常用的读取方法如表 6-2 所示。

表 6-2　文件读取方法

方法	含义
read([size])	默认为读取文件所有内容，如果指定 size，则读取长度为 size 的字符串
readline([n])	从文件中读取一行，如果指定了 n，则读取 n 行
readlines()	读取文件的所有行，并以每一行作为一个元素，形成一个列表
seek(offset)	移动文件指针，如果 offset 为 0，则将文件指针移动到文件开头；如果 offset 为 2，则将指针移动到文件尾位

【例 6-4】　已知文件 pn. txt 有如下内容：

Advanced language programming

高级语言程序设计

Python

计算机等级考试

(1)读取文件前 8 个字符：

```
f = open('pn.txt','r')
s = f.read(8)
f.close()
```

（2）读取文件第一行：

```
f = open('pn.txt','r')
s = f.readline()
f.close()
```

（3）读取文件全部内容：

```
f = open('pn.txt','r')
s = f.read ()
f.close()
```

或者

```
f = open('pn.txt','r')
list1 = f.readlines()
f.close()
```

6.3.4　写文件

除了读取文件内容之外，有时候我们需要将数据写入文件。Python 语言中提供了多种写文件的方法，其中典型的方法有 write()、writelines()等，如表 6-3 所示。

表 6-3　文件写方法

方法	含义
write()	将字符串写入文件
writelines()	可以将一个元素为字符串的列表写入文件，也可以只写入一个字符串

【例 6-5】　将下面四句古诗词写入到文件 E 盘下的 shici.txt 文件中。

蜂蝶去纷纷

香风隔岸闻

欲知花岛处

水上觅红云

程序代码如下：

```
f = open('E:\shici.txt','w')
f.write('蜂蝶去纷纷\n')
f.write('香风隔岸闻\n')
f.write('欲知花岛处\n')
f.write('水上觅红云\n')
f.close()
```

运行后，以文本编辑器打开 shici.txt 文件，其内容如图 6-1 所示。

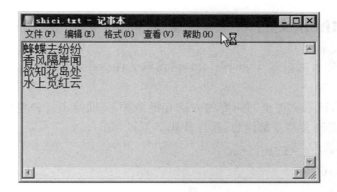

图 6-1　文件 shici.txt 内容

注意：write()函数并不会自动进行换行，在进行写入时要手动添加换行符 '\n'，否则所有的文字会写在同一行上。

【例 6-6】　已知有一组数据 list1＝['20181234\n'，'小明\n'，'男\n'，'国际经贸二班\n']，请将这组数据写入到 E:\student.txt 文件中。

程序代码如下：

```
list1 = ['20181234\n','小明\n','男\n','国际经贸二班\n']
f = open('E:\student.txt','w')
f.writelines(list1)
f.close()
```

运行后，以文本编辑器打开 student.txt 文件，其内容如图 6-2 所示。

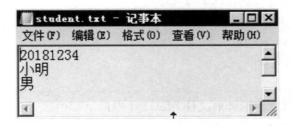

图 6-2　文件 student.txt 内容（一）

注意，如果数据的格式为 list1＝['20181234'，'小明'，'男'，'国际经贸二班']，则上述代码运行后的效果如图 6-3 所示，即如果没有换行符，则文字都会写在同一行上。

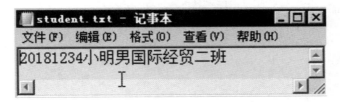

图 6-3　文件 student.txt 内容（二）

6.4 Python 文件操作典型案例

6-1 文件读写

【例 6-7】 已知有文件 E:\sample.txt,请读取文件所有内容,并显示到屏幕上。

在 Python 中,读取文件全部内容的方法有很多种,下面给出 3 种典型的方法。

方法 1:一次读取文件全部内容,程序代码如下:

```
f = open('E:\file1.txt','r')
s = f.read()
print(s)
f.close()
```

方法 2:利用 while 循环进行读取,程序代码如下:

```
f = open('E:\file1.txt','r')
while True:
    line = f.readline()
    if line == '':
        break
    else:
        print(line)
f.close()
```

方法 3:利用 for 循环进行读取,程序代码如下:

```
f = open('E:\file1.txt','r')
list1 = f.readlines()
for line in list1:
    print(line)
f.close()
```

上述 3 种方法都可以实现读取文件 file1.txt 中的全部内容,但执行效果有所区别。如果文件 file1.txt 内容如下:

abc

123

你好

世界

则上面提到的 3 种方法运行效果分别如下:

方法 1:

abc

123

你好

世界

方法 2：
abc

123

你好

世界

方法 3：
abc

123

你好

世界

请大家仔细体会其中的区别，思考产生这些区别的原因。

【例 6-8】　移动文件指针。已知文件 matin. txt 内容如下：

Five score years ago，a great American，in whose symbolic shadow we stand today，signed the Emancipation Proclamation.

(1)读取文件的前 4 个字符；

(2)读取文件中第 24 到第 28 个字符；

(3)读取文件的后 13 个字符。

程序代码如下：

```
f = open('E:\matin.txt','r')
s1 = f.read(4)
f.seek(24)
s2 = f.read(5)
str1 = f.read()
l = len(str1)
s3 = str1[(l − 13):l]
print(s1,s2,s3)
```

【例 6-9】　批量修改。已知文件 file3. txt 内容如下：

北国风光

千里冰封

万里雪飘

望长城内外

惟余莽莽

大河上下

顿失滔滔

(1)请在每一行的最后加上一个"!",并将结果写到文件 file4.txt 中。

程序代码如下：

```
f = open('E:\file3.txt','r')
list1 = f.readlines()
list2 = []
for line in list1:
    line = line.strip('\n')
    ♯这里 strip()函数的功能是去掉字符串首位的空格
    list2.append(line + '! ' + '\n')
print(list2)
f.close()
f = open('E:\file4.txt','w')
f.writelines(list2)
f.close()
```

6.5 利用文件处理数据

在程序设计时,如果需要处理的数据较多,我们很难以各种变量的方式录入到程序中,所以最好的方法就是利用文件存储来处理这些数据。按照不同的组织方式,数据可分为一维数据、二维数据和多维数据。本节中的讲解只涉及一维数据和二维数据。

6-2 数据处理

6.5.1 一维数据

一维数据是一种非常简单的数据类型,一般为线性结构,并且其中存储的各个数据的类型基本相同,比如都是文本数据,或者都是数值数据。在 Python 中,主要采用列表来处理一维数据。

比如有 4 个城市的名称需要进行处理,则可以用列表去存储城市的名称：

list1 = ['北京 ','上海 ','杭州 ','苏州 ']

如果需要将这些数据存储到磁盘上,则可以将其写入文件。在写入文件时,要注意写入的格式,因为这会直接影响到将来数据的读取和处理数据的方式。下面我们来看几种常见的方法。

方法 1：

```
list1 = ['北京 ','上海 ','杭州 ','苏州 ']
f = open('city.txt','w')
f.writelines(list1)
f.close()
```

运行后效果如图 6-4 所示。

图 6-4   city. txt 文件内容(一)

方法 2:

```
list1 = ['北京','上海','杭州','苏州']
f = open('city.txt','w')
for city in list1:
    f.write(city + ',')
f.close()
```

运行后效果如图 6-5 所示。

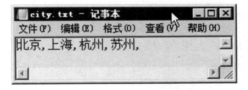

图 6-5   city. txt 文件内容(二)

方法 3:

```
list1 = ['北京','上海','杭州','苏州']
f = open('city.txt','w')
for city in list1:
    f.write(city + '\n')
f.close()
```

运行后效果如图 6-6 所示。

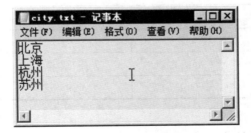

图 6-6   city. txt 文件内容(三)

方法 1 将数据都写在了同一行，而且没有任何分隔符，不利于数据的再读取；方法 2 使用逗号将数据分隔，数据规整且方便再使用；方法 3 则每一行存储一个数据，再读取时只需要利用 readlines() 函数即可将所有数据读出。

方法 2 中，使用逗号将数据进行分隔的存储格式我们一般称之为 CSV 格式（Comma-Separated Values）。CSV 是一种通用的文件格式，在商业和科学计算领域都有广泛的应用，大部分的文本编辑工具都支持 CSV 文件的读取与操作，比如常用的 Word、Excel 等软件。

【例 6-10】 CSV 文件的读取，如图 6-7 所示。

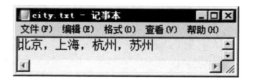

图 6-7　CSV 格式的文件实例

典型的 CSV 格式文件如图 6-7 所示格式。对于 CSV 格式的文件，如果我们直接使用 read() 或者 readlines() 函数进行读取，则会将数据与分隔符作为整体读出，此时我们需要去掉分隔符。

程序代码如下：

```
list1 = ['北京','上海','杭州','苏州']
f = open('city.txt','r')
s1 = f.read()
s2 = s1.strip('\n')
list1 = s2.split(',')
```

运行结果如下：

List1 为['北京,上海,杭州,苏州']

6.5.2　二维数据

二维数据由多个一维数据组成，在表现形式上可视为一个表格，比如表 6-4，表格中的每一行表示一条数据，这条数据可以看作是一个一维数据。

表 6-4　学生成绩表

姓名	语文	数学	英语
张三	80	77	91
李四	55	72	83
王五	60	95	98

6.5.3　二维数据的存储与处理

在 Python 中，二维数据也可以用 CSV 格式进行存储与处理。比如表 6-4 中的数据，在

Python 程序中的表现形式为：

```
list1 = [
['张三','80','77','91'],
['李四','55','72','83'],
['王五','60','95','98']
]
```

如果将其写入到 CSV 文件，程序代码如下：

```
list1 = [
['张三','80','77','91'],
['李四','55','72','83'],
['王五','60','95','98']
]
f = open('student.csv','w')
for entry in list1:
    for item in entry:
        f.write(item + ',')
    f.write('\n')
f.close()
```

运行效果如图 6-8 所示。

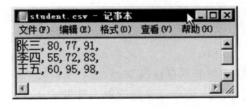

图 6-8　运行效果

如果现在需要为每个学生增加一科成绩："高级语言程序设计"，成绩都为 100 分，则首先需要从 student.csv 中读出原始数据，然后为每一条增加一个新的成绩，最后再写回到原文件中。

程序代码如下：

```
f1 = open('student.csv','r')
list1 = f1.readlines()
list2 = []
for entry in list1:
    entry = entry.strip('\n') + '100'
    list2.append(entry)
f1.close()
```

```
f2 = open('student.csv','w')
for entry in list2:
    f2.write(entry + '\n')
f2.close()
print(list2)
```

6.6 习 题

1.选择题

(1)关于文件,下面说法中错误的是(　　　)

A. 对已经关闭的文件进行读写操作会导致 Value Error 错误

B. 文件操作完成后即使不关闭文件程序也不会报错,所以可以不关闭文件

C. 对于非空的文本文件,read()返回字符串,readlines()返回列表

D. file＝open(filename,'rb')表示以只读方式、二进制方式打开 filename 文件

(2)在读写文件之前,可以通过下面(　　　)方法创建文件对象。

A. create　　　　　　　B. folder　　　　　　　C. open　　　　　　　D. File

(3)关于 CSV 文件处理,下面说法错误的是(　　　)

A. 因为 CSV 文件用半角逗号分隔每列数据,所以即使列数据为空也要保留逗号

B. 对于包含英文半角逗号的数据,以 CSV 文件保存时需要进行转码处理

C. 因为 CSV 文件可以由 Excel 打开,所以是二进制文件

D. 通常,CSV 文件一行表示一个一维数据,多行表示二维数据

2.填空题

(1)文件包括(　　　　　　)和(　　　　　　)两种类型。

(2)如果以写的方式打开一个不存在的文件,会(　　　　　　)。

(3)读取整个文件的方法是(　　　　),逐行读取文件的方法是(　　　　)。

(4)对于一个非空的文件,连续执行两次 read(),则第二次 read()返回的结果是(　　　　)。

(5)对文本文件执行 write()方法时,write()的参数必须是(　　　)类型。

3.编程题

(1)输入一个文件和一个字符,统计该字符在文件中出现的次数。

(2)编写程序,生成一个 5 * 5 的随机矩阵,要求如下:

①将矩阵保存在文件中(使用空格和换行符分隔数据);

②将①中保存的文件另存为 CSV 格式,然后使用 Excel 查看。

(3)假设有一个英文文件,请编程读取其内容,并将其中的小写字母转换为大写字母。

(4)简单解释文本文件和二进制文件的区别。

第 7 章

Python 常用模块

7.1 代码复用

对于可以实现特定功能的程序,我们一般会将其进行抽象,然后设计成一个函数。这样,如果以后遇到相同的问题,就可以通过调用函数的方式来解决。比如有文件 birth.py,在文件中我们定义了一个可以根据任意身份证号码计算出生日期的函数 getbirth()和变量 Country,程序代码如下:

```
#birth.py
Country = 'China'
def getbirth(id = ' '):
    if len(id)!= 18:
        print("Length of id is not right")
    else:
        birth = id[6:14]
    return birth
```

如果我们要在一个新的文件中也使用 getbirth()函数,该怎么办呢? 一种可行的方法是将 getbirth()函数的代码复制到新的文件中,但每次都这样做比较麻烦。Python 提供了一种可以快速调用其他文件中代码的方法——模块。

7.2 模　　块

模块是用来从逻辑上组织 Python 的代码,其本质就是 Python 文件(∗.py)。模块中定义了一些变量、函数和类等,需要的时候可以导入并使用其中的函数和变量。

导入模块的方式非常灵活,其中典型的方式如下:

(1)直接导入:import

(2)重命名导入: import x as y

(3)部分导入:from x import ⋯

（4）全部导入：from x import *

【例 7-1】 常用模块导入方法演示。

示例 7-1：

```
import birth
myid = '12345619991212888x'
mybirth = birth.getbirth(myid)
print(mybirth)
```

注意：这里 import 的用法，使用了语句 import birth，即导入了 birth.py 这个模块（birth 就是模块名称），如果要使用 birth 中的函数，需要写出完整的路径，即 birth.getbirth()。

示例 7-2：

```
from birth import *
myid = '12345619991212888x'
mybirth = getbirth(myid)
print(mybirth)
```

示例 7-3：

```
from birth import getbirth
myid = '12345619991212888x'
mybirth = getbirth(myid)
print(mybirth)
```

示例 7-4：

```
import birth as bh
print(bh.Country)
```

注意使用不同的导入方式时代码书写的区别。比如，使用语句 import birth，那么如果要使用 birth 模块中的函数，就要写成 birth.getbirth()，即完整路径。from birth import * 则相当于导入了 birth 模块中的全部函数和变量，此时程序就可以直接通过函数名称调用函数。from birth import getbirth 则只导入了 birth 中的 getbirth() 函数，而模块中的其他函数或变量不导入，也就不能在程序中调用。

7.3　包

包定义了一个由模块和子包组成的 Python 应用程序执行环境，本质就是一个有层次的文件目录结构（必须带有一个 __init__.py 文件），换句话说，包就是一个包含 __init__.py 文件的目录，其中包含其他模块或子包。

常见的包结构如下：

```
        package_a
        ├── __init__.py
        ├── module_a1.py
        └── module_a2.py
        package_b
        ├── __init__.py
        ├── module_b1.py
        └── module_b2.py
```

假设 main. py 是我们正在编写的一个程序文件,如果它想要引用 package_a 中的模块 module_a1,可以使用:

```
        from package_a import module_a1
```

或者

```
        import package_a.module_a1
```

7.4　库

库是具有相关功能模块的集合。功能丰富且强大的库是 Python 的特点之一。Python 从一开始就致力于开源开放,全球的 Python 爱好者都可以贡献自己的代码,所以随着时间的积累,Python 的开源库种类已经超过了 13 万,其功能几乎覆盖了信息技术的全部领域,可谓前无古人,后无来者。

Python 的库可分为标准库和第三方库两种。

标准库是随着 Python 安装程序一起安装的库,用户可以直接使用,无须导入。比如 time,random,turtle,math,pickle 等。

第三方库是需要用户自己安装的库,比如通过 pip 工具安装。常见的第三方库有 pandas,scrapy,jieba,wordcloud 等。

7.5　常用 Python 库演示

7.5.1　time 库

处理时间是程序设计中的常用功能,如果时间处理不好,很可能会引发大问题,比如千年虫。time 库是 Python 提供的处理时间的标准库,其提供了系统级的精确计时功能,可满足处理时间、日期等程序设计需求,也可以用于精确计时。

7-1 常用库使用 1

time 库的主要功能如下:

(1)时间处理。

(2)格式化时间输出。

(3)计时。

7-2 常用库使用 2

【例 7-2】 time( )函数演示。

```
import time
print(time.time())
```

运行结果如下：

1539864116.236389

time 模块中的 time( )函数的结果是个数字，表示的是当前的时间，即从 1975 年 1 月 1 日 00:00:00 到现在的秒数，这个结果并不容易被人理解，但有利于程序计算。

time 模块中的 time( )函数返回的结果则比较规范，容易被人所理解。

【例 7-3】 ctime( )函数演示。

```
import time
print(time.ctime())
```

运行结果如下：

Thu Oct 18 20:05:51 2018

7.5.2 random 库

随机数是程序设计中经常会用到的数据，比如设计游戏、抽奖程序、棋牌游戏等。Python 提供了 random 库，用于产生各种伪随机数。random 库的主要函数如表 7-1 所示。

表 7-1 random 库的常用函数

函数	功能
seed( )	初始化随机种子，默认种子是系统时钟
random( )	生成[0,1]的随机小数
uniform(a,b)	生成[a,b]的随机小数
randint(a,b)	生成一个[a,b]的随机整数
randrange(a,b,c)	生成一个[a,b]，以 c 递增的随机数
choice(seq)	随机返回一个序列里面的元素
shuffle(seq)	将序列的元素随机打乱
sample(seq,k)	从序列中随机抽取 k 个元素

与其他语言相似，Python 中随机数的生成也基于随机数种子，每个种子作为输入，利用算法生成一系列随机数，构成伪随机序列。random 库使用 random.seed(s)对后续的随机数设置种子 s。所有的随机函数都是基于 random( )函数实现的某种具体功能。random( )函数介绍如下：

如果设置了相同的种子，则后续产生的随机数也是相同的。如果没有调用 seed 函数，则默认种子是系统时钟。random 函数用于产生[0,1)的随机小数，使用方法：

```
import random
print(random.random())
```

上述代码执行会产生一个[0,1)小数，比如可能的一种结果是：

0.5220677158380304

【**例 7-4**】　随机生成 10 个 1 至 100 之间的数值，显示到屏幕上，计算其平均值，并将结果输出。

程序代码如下：

```
import random
list1 = []
for i in range(1,11):
    list1.append(random.uniform(1,100))
print(list1)


sum = 0
for val in list1:
    sum = sum + val
avg = sum/len(list1)
print(avg)
```

运行结果如下：

[51.97222596816359，91.67859341011626，69.2591717419721，86.98257029902351，55.05555119392571，41.84213853775565，70.11015265494748，69.36871910885367，66.16677146763045，71.59298858134166]

67.40288829637299

【**例 7-5**】　首先设置种子为 10，然后调用 random()函数产生 3 个随机数；重新设置种子为 10，再产生 3 个随机数，观察结果。

程序代码如下：

```
import random
random.seed(10)
print('产生三个随机数:')
print('随机数 1:',random.random())
print('随机数 2:',random.random())
print('随机数 3:',random.random())
print('重新设置种子:')
random.seed(10)
print('随机数 1:',random.random())
print('随机数 2:',random.random())
print('随机数 3:',random.random())
```

运行结果如下：

产生三个随机数：

随机数 1：0.5714025946899135

随机数 2：0.4288890546751146

随机数 3：0.5780913011344704

重新设置种子：

随机数 1：0.5714025946899135

随机数 2：0.4288890546751146

随机数 3：0.5780913011344704

由此可见，对于 random()函数，如果种子设置的值是相同的，则其产生的随机数序列也是相同的。

【例 7-6】 随机生成 20 个 1 至 100 之间的整数，并随机选择其中的 3 个。

程序代码如下：

```
import random
list1 = []
for i in range(1,21):
    list1.append(random.randint(1,100))
print(list1)
list2 = random.sample(list1,3)
print(list2)
```

一种可能的运行结果如下：

[27, 7, 23, 18, 62, 95, 62, 65, 56, 92, 10, 56, 80, 91, 97, 34, 42, 9, 2, 90]

[92, 34, 7]

【例 7-7】 5 个小朋友都想要小红花，但小红花只能给一个人，请随机选择。

程序代码如下：

```
import random
list1 = ['小李','小明','小马','小周','小鸟']
luckyman = random.choice(list1)
print('幸运儿是：%s'% luckyman)
```

一种可能的运行结果如下：

幸运儿是：小鸟

7.5.3 pickle 库

pickle 库用于进行数据序列化和反序列化操作，即可将按特定结构组织的数据直接存入文件中，读取时获得的还是原结构组织的数据。

【例 7-8】 将字典数据以二进制方式存入文件 text. txt 中。

程序代码如下：

```
import pickle
dict1 = {'name':'Tom','age:20'}
with open('text.txt','wb') as file:
    pickle.dump(dict1,file)
```

此时，如果用记事本打开文件 text. txt，看到的会是乱码，如图 7-1 所示。

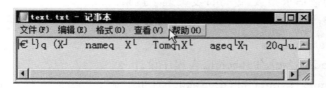

图 7-1　text. txt 文件内容

【例 7-9】　将 text. txt 文件中存储的数据原样读取。

程序代码如下：

```
import pickle
with open('text.txt','rb') as file:
    dict2 = pickle.load(file)
print(b)
```

运行结果如下：

{'name'：'Tom'，'age'：20}

使用 pickle 的好处之一就是可以将数据快速地写入文件中，并且可以快速地读出，从而省去了处理数据格式的额外操作。

7.5.4　requests 库

requests 库是一个常用于构造 http 数据包的库，调用其中的接口可以很方便地与网站进行通信交互。其在爬虫程序中有着广泛应用。

【例 7-10】　利用 requests 库获取网页 http：//www. baidu. com 的 html 文件内容并打印。

程序代码如下：

```
import requests
r = requests.get('http://www.baidu.com')
# 构造 Response 对象
r.encoding = 'utf-8'                          # 修改编码方式
print(r.text)                                 # 打印内容
```

运行结果如下：

<! DOCTYPE html >

<! - - STATUS OK - - >< html > < head >< meta http - equiv = content - type content = text/html；charset = utf - 8 >< meta http - equiv = X - UA - Compatible content = IE = Edge >< meta content = always name = referrer >< link rel = stylesheet type = text/css href = http://s1.bdstatic.com/r/www/cache/bdorz/baidu.min.css >< title >百度一下，你就知道</title ></head >

……（省略）

【例 7-11】 构造请求参数,进行百度关键字搜索。

程序代码如下:

```
import requests
payload = {'wd':'Python 语言程序设计'}
r = requests.get('http://www.baidu.com/s',params = payload)
r.encoding = 'utf - 8'
print(r.text)
```

运行结果如下:

(html 文件内容,不做显示)

7.5.5 wxPython 库

wxPython 是 Python 语言中一套优秀的 GUI 图形库。其允许 Python 程序员很方便地创建完整的、功能键全的 GUI 用户界面。该模块封装了流行的 wxWidgets 跨平台库的 GUI 组件。

【例 7-12】 显示一个简单的窗体,窗体的标题为"wxPython 库演示",窗体上有一个标签控件(label),标签显示的文字为"高级语言程序设计"。

程序代码如下:

```
import wx
app = wx.App()
window = wx.Frame(None, title = "wxPython 库演示", size = (200,200))
panel = wx.Panel(window)
label = wx.StaticText(panel, label = "高级语言程序设计", pos = (50,80))
window.Show(True)
app.MainLoop()
```

上述程序执行后的效果如图 7-2 所示。

图 7-2 wxPython 库演示

7.6　科学计算库

Python 是当今大数据处理的主流语言之一,其强大的数据处理能力和丰富的库是其流行的主要原因。Python 常用的数据处理库有 Numpy、Pandas 和 Matplotlib,三者通常一起使用。

在下面的假设中,我们默认程序运行时包含了下面三行代码:

```
import pandas as pd
import numpy as np
import matplotlib as plt
```

7.6.1　Numpy 库

1. 数组对象 ndarray

Numpy 库的主要功能之一就是实现数组数据计算。Numpy 的数组类被称作 ndarray,通常被称作数组。注意:Numpy 的 array 和标准 Python 库类 array.array 并不相同,后者只处理一维数组和提供少量功能,而 ndarray 功能则要丰富得多。ndarray 对象的重要属性有:

(1)ndarray.ndim:数组轴的个数。在 Python 语言中,轴的个数也被称作秩。

(2)ndarray.shape:数组的维度。这是一个指示数组在每个维度上大小的整数元组。例如一个 n 排 m 列的矩阵,它的 shape 属性将是(2,3),这个元组的长度显然是秩,即维度或者 ndim 属性。

(3)ndarray.size:数组元素的总个数,等于 shape 属性中元组元素的乘积。

(4)ndarray.dtype:一个用来描述数组中元素类型的对象。创建数组时可以指定 dtype 类型,比如使用标准 Python 类型。另外,NumPy 也有它自己的数据类型。

(5)ndarray.itemsize 数组中每个元素的字节大小。例如,一个元素类型为 float64 的数组 itemsize 属性值为 8($=64/8$),一个元素类型为 complex32 的数组 item 属性值为 4($=32/8$)。

(6)ndarray.data:包含实际数组元素的缓冲区,通常我们不需要使用这个属性,因为我们一般是通过索引来使用数组中的元素的。

【例 7-13】　生成一个包括 15 个数据的一维数组。

程序代码如下:

```
>>> from numpy  import *
>>> a = arange(15)
>>> a
array([ 0, 1, 2, 3, 4, 5, 6, 7, 8, 9, 10, 11, 12, 13, 14])
```

对于数组,我们还可以通过 reshape()函数将其进行变换,比如将上面的一维数组转换成 3 * 5 的数组。

```
>>> b = a.reshape(3,5)
>>> b
array([[ 0,  1,  2,  3,  4],
       [ 5,  6,  7,  8,  9],
       [10, 11, 12, 13, 14]])
```

显示 b 的 shape 属性与 ndim 属性,程序代码如下:

```
>>> b.shape
(3, 5)
>>> b.ndim
2
```

显示 b 的数据类型,程序代码如下:

```
>>> b.dtype.name
'int32'
```

显示 b 的每个元素的字节大小,程序代码如下:

```
>>> b.itemsize
4
```

显示 b 的总元素个数,程序代码如下:

```
>>> b.size
15
```

显示 b 的 Python 数据类型,程序代码如下:

```
>>> type(b)
<class 'numpy.ndarray'>
```

2. 创建数组

在 Numpy 中创建数组的方法有多种。例如,你可以使用 Numpy 中的 array() 函数从常规的 Python 列表和元组创造数组,其所创建的数组类型由原序列中的元素类型推导而来。

```
>>> from numpy import *
>>> a = array( [2,3,4] )
>>> a
array([2, 3, 4])
>>> a.dtype
dtype('int32')
>>> b = array([1.2, 3.5, 5.1])
>>> b.dtype
dtype('float64')
```

这里要注意,array 参数是一个列表,而不是多个数值。

```
>>> a = array(1,2,3,4)        # 错误用法
>>> a = array([1,2,3,4])      # 正确用法
```

创建二维数组的方法：

```
>>> b = array( [ (1.5,2,3), (4,5,6) ] )
>>> b
array([[ 1.5,   2.,   3.],
       [ 4.,   5.,   6.]])
```

当然,可以利用序列进一步嵌套,还可以创建三维数组和多维数组,请大家自己去尝试。

在科学计算时,我们经常希望自己创建的数组中数据的值是初始化好的,而不是随机的。Numpy 提供了 zeros()函数用于创建一个全是 0 的数组,ones()函数则用于创建一个全 1 的数组,empty()函数则用于创建一个内容随机的数组。这三个函数创建的数组类型(dtype)默认都是 float64。

【例 7-14】　用 zeros()函数创建全 0 数组,用 ones()函数创建全 1 数组,用 empty 创建未初始化的数组。

(1)用 zeros 创建全 0 数组

```
>>> a = zeros((3,4))
>>> a
array([[0., 0., 0., 0.],
       [0., 0., 0., 0.],
       [0., 0., 0., 0.]])
>>> a.dtype
dtype('float64')
```

(2)用 ones()函数创建全 1 数组,程序代码如下：

```
>>> b = ones((2,3,4),dtype = 'int32')
>>> b
array([[[1, 1, 1, 1],
        [1, 1, 1, 1],
        [1, 1, 1, 1]],

       [[1, 1, 1, 1],
        [1, 1, 1, 1],
        [1, 1, 1, 1]]])
>>> b.dtype
dtype('int32')
```

（3）用 empty 创建未初始化的数组，程序代码如下：

```
>>> c = empty((3,4))
>>> c
array ([[ - 2. 26300356e - 109,   6. 88076601e - 297,   8.
        99325481e + 276,   1. 89373452e - 052],
       [ 3. 06836125e + 257,   8. 73989992e + 245,   6.
        84296817e + 238,   1. 87157419e + 294],
       [ 2. 27943181e - 258,   3. 81666647e - 315,   8.
        88579181e - 309,   1. 17271029e - 279]])
>>> c.dtype
dtype('float64')
```

3. 数组打印

当打印一个数组时，Numpy 会以类似嵌套列表的形式显示它，但是呈以下布局：最后的轴从左到右打印，倒数第二位的轴从顶向下打印，剩下的轴从顶向下打印，每个切片通过一个空行与下一个隔开，一维数组被打印成行，二维数组打印成矩阵，三维数组打印成矩阵列表。

```
>>> a = arange(6)                    # 一维数组
>>> print(a)
[0 1 2 3 4 5]
>>>
>>> b = arange(12).reshape(4,3)      # 二维数组
>>> print(b)
[[ 0  1  2]
 [ 3  4  5]
 [ 6  7  8]
 [ 9 10 11]]
>>>
>>> c = arange(24).reshape(2,3,4)    # 三维数组
>>> print(c)
[[[ 0  1  2  3]
  [ 4  5  6  7]
  [ 8  9 10 11]]

 [[12 13 14 15]
  [16 17 18 19]
  [20 21 22 23]]]
```

如果一个数组太大而难以显示,那么 Numpy 会自动省略中间部分而只打印头和尾的数据。比如:

```
>>> print(arange(10000))
[   0    1    2 ..., 9997 9998 9999]
>>>
>>> print(arange(10000).reshape(100,100))
[[   0    1    2 ...,   97   98   99]
 [ 100  101  102 ...,  197  198  199]
 [ 200  201  202 ...,  297  298  299]
 ...,
 [9700 9701 9702 ..., 9797 9798 9799]
 [9800 9801 9802 ..., 9897 9898 9899]
 [9900 9901 9902 ..., 9997 9998 9999]]
```

4. 基本运算

在 Numpy 中,数组的算术运算是按元素进行的。

【例 7-15】　创建 2 个数组 a 和 b,然后将两个数组求差 c=a-b。

程序代码如下:

```
>>> a = array([20,30,40,50])
>>> b = arange(4)
>>> b
array([0, 1, 2, 3])
>>> c = a - b
>>> c
array([20, 29, 38, 47])
```

数组乘法运算:

```
>>> b * 2
array([0, 2, 4, 6])
>>> 10 * sin(a)
array([9.12945251, -9.88031624,   7.4511316, -2.62374854])
```

数组逻辑运算:

```
>>> a < 35
array([True, True, False, False], dtype = bool)
```

不像许多矩阵语言,Numpy 中的乘法运算符 * 是按元素计算的;而如果要进行矩阵乘法运算,则可以使用 dot()函数。

示例 7-5:

```
>>> A = array( [[1,1],[0,1]] )
>>> B = array( [[2,0],[3,4]] )
>>> A * B                          # 元素一一相乘
>>> A * B
array([[2, 0],
       [0, 4]])
>>> dot(A,B)                       # 矩阵乘法
array([[5, 4],
       [3, 4]])
```

Numpy 中还提供了很多方法,熟练使用这些方法将对我们编写数据处理程序非常有帮助。常用的方法有 random、max、min 和 sum 等。

```
>>> a = random.random((2,3))
>>> a
array([[0.89930501, 0.55745352, 0.7276197 ],
       [0.27907678, 0.82223537, 0.3671434 ]])
```

对所有元素求和:

```
>>> a.sum()
3.652833785226857
```

求最大值和最小值:

```
>>> a.max()
0.8993050060493953
>>> a.min()
0.27907677617394666
```

sum、min 及 max 等方法默认会对整个数组进行运算,无论数组的 shape 是什么样的。如果要对数组的某一个维度(行或列)进行运算,则可以通过指定 axis 参数的方法实现。

```
>>> b = arange(12).reshape(3,4)
>>> b
array([[ 0,  1,  2,  3],
       [ 4,  5,  6,  7],
       [ 8,  9, 10, 11]])
>>>
>>> b.sum(axis = 0)               # 对每一列进行求和
array([12, 15, 18, 21])
>>>

>>> b.sum(axis = 1)               # 对每一行进行求和
```

```
        array([ 6, 22, 38])
        >>> b.min(axis = 1)                        ♯ 求每一行的
最小值
        array([0, 4, 8])
        >>>
        >>> b.cumsum(axis = 1)                     ♯ 对每一行进行
累加计算
        array([[ 0,  1,  3,  6],
               [ 4,  9, 15, 22],
               [ 8, 17, 27, 38]])
```

5. 索引和切片

像列表和其他 Python 数据结构一样，Numpy 中的一维数组也可以被索引、切片。

索引操作程序代码如下：

```
        >>> a = arange(10) ∗∗ 3
        >>> a
        array([0, 1, 8, 27, 64, 125, 216, 343, 512, 729], dtype =
        int32)
        >>> a[2]
        8
```

切片操作程序代码如下：

```
        >>> a[2:5]
        array([ 8, 27, 64], dtype = int32)
        >>> a[:6:2]
        array([ 0, 8, 64], dtype = int32)
```

7.6.2　Pandas 库

Pandas 是以 Numpy 为基础构建的，目的是让以 Numpy 为中心的应用开发变得更加简单。在 Pandas 中有两类非常重要的数据结构，即序列 Series 和数据框 DataFrame。Series 类似于 Numpy 中的一维数组，除了通用 Numpy 中一维数组的函数和方法外，Series 还可以通过索引标签的方式获取数据，而且还具有索引的自动对齐等功能；DataFrame 则类似于 Numpy 中的二维数组，同样可以通用 Numpy 数组的函数和方法，但用法更加灵活。

1. Series 的创建

Series 的创建主要有以下三种方式。

（1）通过一维数组创建 Series

```
        import numpy as np, pandas as pd
        arr1 = np.arange(10)
        s1 = pd.Series(arr1)
        print(s1)
        type(s1)
```

运行结果如下：

```
< class 'pandas.core.series.Series' >
0     0
1     1
2     2
3     3
4     4
5     5
6     6
7     7
8     8
9     9
dtype: int32
```

注意：左侧第一列的 0—9 表示的是数据的索引，第二列才是具体的数据。

（2）通过字典的方式创建 Series

程序代码如下：

```
dic1 = {'a':10,'b':20,'c':30,'d':40,'e':50}
s2 = pd.Series(dic1)
print(s2)
```

运行结果如下：

```
a     10
b     20
c     30
d     40
e     50

dtype：int64
```

（3）通过 DataFrame 中的某一行或某一列创建 Series

通过 Dataframe 结构直接创建 Series 的内容将在后面几节中讲解。

2.DataFrame 的创建

DataFrame 的创建主要有以下三种方式。

（1）通过二维数组创建 DataFrame

```
arr2 = np.array(np.arange(12)).reshape(4,3)
df1 = pd.DataFrame(arr2)
print(type(df1))
print(df1)
```

运行结果如下:

< class 'pandas.core.frame.DataFrame'>
```
      0    1    2
0     0    1    2
1     3    4    5
2     6    7    8
3     9   10   11
```

注意:这里左侧第一列为行索引,上面的第一行为列索引。

(2)通过字典的方式创建 DataFrame

下面用两种方式来展现字典和 DataFrame 之间的转换关系,其中一个是字典列表,一个是嵌套字典。

字典列表的程序代码如下:

```
dic2 = {'a':[1,2,3,4],'b':[5,6,7,8],
'c':[9,10,11,12],'d':[13,14,15,16]}
df2 = pd.DataFrame(dic2)
print(type(df2))
print(df2)
```

运行结果如下:

< class 'pandas.core.frame.DataFrame'>
```
      a    b    c    d
0     1    5    9   13
1     2    6   10   14
2     3    7   11   15
3     4    8   12   16
```

这里,dic2 中的键被转化成了 df2 中的列索引,df2 中的列则是 dic2 中的键对应的值,而行索引 0－3 则是 Pandas 自动添加的。

嵌套字典的程序代码如下:

```
dic3 = {'one':{'a':1,'b':2,'c':3,'d':4},
'two':{'a':5,'b':6,'c':7,'d':8},
'three':{'a':9,'b':10,'c':11,'d':12}}
df3 = pd.DataFrame(dic3)
print(df3)
```

运行结果如下:

```
      one   two   three
a     1     5      9
b     2     6     10
c     3     7     11
d     4     8     12
```

这里外层字典中的键被自动转化为 df3 的列索引,内层字典中的键则被转化为行索引。请大家注意观察 dic2 和 dic3 的区别以及转化后 df2 和 df3 的区别。

（3）通过切片的方式创建新的 DataFrame

```
df4 = df3[['one','three']]
print(df4)
```

运行结果如下：

```
   one  three
a   1     9
b   2    10
c   3    11
d   4    12
```

这相当于通过索引对 df3 进行了切片,得到了 df4。

3. 数据索引 index

Series 或 DataFrame 的索引有两个功能:一个是通过索引值或索引标签获取目标数据;另一个是通过索引可以使 Series 或 DataFrame 的计算实现自动化对齐。下面我们就来看看这两个功能的应用。

（1）通过索引值或索引标签获取数据

程序代码如下：

```
s4 = pd.Series(np.array([1,7,2,4,5]))
print(s4)
```

运行结果如下：

```
0    1
1    7
2    2
3    4
4    5
dtype: int32
```

由此可见,如果不给序列一个指定的索引值,则序列自动生成一个从 0 开始的自增索引。其可以通过 index 查看序列的索引：

```
print(s4.index)
```

运行结果如下：

```
RangeIndex(start = 0, stop = 5, step = 1)
```

现在我们为序列设定一个自定义的索引值：

```
s4.index = ['a','b','c','d','e']
print(s4)
```

执行后效果如下：

a　　1

b　　7

c　　2

d　　4

e　　5

序列有了索引，就可以通过索引值或索引标签进行数据的获取，比如：s4[3]、s4['e']、s4[[1,3,5]]对应的值分别是 4,5 和 series＝7、4、5。

（2）自动化对齐

如果有两个序列，需要对这两个序列进行算术运算，这时索引的存在就体现了它的价值——自动化对齐。

序列 1 的程序代码如下：

```
s5 = pd.Series(np.array([10,15,20,30,55,80]),\
index = ['a','b','c','d','e','f'])
print(s5)
```

运行结果如下：

a　　10

b　　15

c　　20

d　　30

e　　55

f　　80

序列 2 的程序代码如下：

```
s6 = pd.Series(np.array([12,11,13,15,14,16]),\
index = ['a','c','g','b','d','f'])
print(s6)
```

运行结果如下：

a　　12

c　　11

g　　13

b　　15

d　　14

f　　16

则 s5＋s6 的结果为：

a　　22.0

b　　30.0

c　　31.0

d   44.0

e   NaN

f   96.0

g   NaN

s5/s6 的结果为：

a   0.833333

b   1.000000

c   1.818182

d   2.142857

e   NaN

f   5.000000

g   NaN

由于 s5 中没有对应的 g 索引，s6 中没有对应的 e 索引，所以数据的运算会产生两个缺失值 NaN。注意，这里的算术结果实现了两个序列索引的自动对齐，而非简单地将两个序列相加或相除。对于 Dataframe 的对齐，不仅仅是行索引的自动对齐，同时也会自动对齐列索引。

4. 利用 Pandas 查询数据

通过 Pandas 可以对 Series 或 Dataframe 进行查询，尤其是 DataFrame，查询起来非常方便，可以通过布尔索引有针对地选取原数据的子集，或者指定行、指定列等。我们先导入一个 student 数据集，假设其存储在 e 盘的 student.csv 文件中。文件格式如图 7-3 所示。

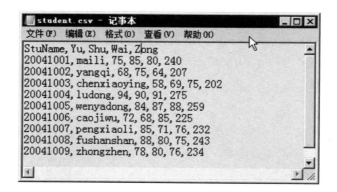

图 7-3   student.csv 文件内容

用 Pandas 的 read_csv 函数直接将其转化为 DataFrame：

```
student = pd.io.parsers.read_csv("e:\student.csv")
print(student)
```

运行结果如下：

	StuName	Yu	Shu	Wai	Zong
20041001	maili	75	85	80	240
20041002	yangqi	68	75	64	207
20041003	chenxiaoying	58	69	75	202
20041004	ludong	94	90	91	275
20041005	wenyadong	84	87	88	259
20041006	caojiwu	72	68	85	225
20041007	pengxiaoli	85	71	76	232
20041008	fushanshan	88	80	75	243
20041009	zhongzhen	78	80	76	234
20041010	zhouhao	94	87	82	263

(1)查询数据的前 5 行和末尾 5 行

```
student.head()
```

运行结果如下：

	StuName	Yu	Shu	Wai	Zong
20041001	maili	75	85	80	240
20041002	yangqi	68	75	64	207
20041003	chenxiaoying	58	69	75	202
20041004	ludong	94	90	91	275
20041005	wenyadong	84	87	88	259

```
student.tail()
```

运行结果如下：

	StuName	Yu	Shu	Wai	Zong
20041006	caojiwu	72	68	85	225
20041007	pengxiaoli	85	71	76	232
20041008	fushanshan	88	80	75	243
20041009	zhongzhen	78	80	76	234
20041010	zhouhao	94	87	82	263

查询指定的行：

```
student.ix[[20041001,20041007]]
```

运行结果如下：

	StuName	Yu	Shu	Wai	Zong
20041001	maili	75	85	80	240
20041007	pengxiaoli	85	71	76	232

查询指定的列：

```
student[['StuName','Zong']]    # 如果多个列的话,必须使用列表的方式给出
```

运行结果如下：

	StuName	Zong
20041001	maili	240
20041002	yangqi	207
20041003	chenxiaoying	202
20041004	ludong	275
20041005	wenyadong	259
20041006	caojiwu	225
20041007	pengxiaoli	232
20041008	fushanshan	243
20041009	zhongzhen	234
20041010	zhouhao	263

5.统计分析

Pandas 模块为我们提供了非常多的描述性统计分析的指标函数，如总和、均值、最小值、最大值等。下面我们通过几个实例来学习这些函数。

首先随机生成两组数据：

```
import numpy as np
import pandas as pd
np.random.seed(1234)
d1 = pd.Series(np.random.normal(size = 100))  #产生包含 100 个元素的 series
d2 = np.random.randint(1,100,size = 100)  # 生成 100 个 1~100 的随机整数
```

请读者自己使用 print()函数观察这两组数据。

d1.count() #计算非空(NaN)元素个数

d1.min() #最小值

d1.max() #最大值

d1.idxmin() #最小值的索引

d1.idxmax() #最大值的索引

d1.sum() #求和

d1.mean() #均值

d1.median() #中位数

d1.mode() #众数

d1.var() #方差

d1.std() #标准差

d1.mad() #平均绝对偏差

d1.skew() #偏度

d1.kurt() #峰度

d1.describe() #一次性输出多个描述性统计指标

必须注意的是,descirbe 方法只能针对 Series 或 DataFrame,一维数组是没有这个方法的。下面通过一个函数将这些描述性统计指标全部汇总到一起展示:

```
def stats(x):
    return pd.Series([x.count(),x.min(),x.idxmin(),
    x.quantile(.25),x.median(),
    x.quantile(.75),x.mean(),
    x.max(),x.idxmax(),
    x.mad(),x.var(),
    x.std(),x.skew(),x.kurt()],
    index = ['Count','Min','Whicn_Min',
    'Q1','Median','Q3','Mean',
    'Max','Which_Max','Mad',
    'Var','Std','Skew','Kurt'])
```

执行语句 stats(d1)后的屏幕输入为:

Count 100.000000 Min－3.563517 Whicn_Min 81.000000 Q1－0.479949 Median 0.102278 Q3 0.717394 Mean 0.035112 Max 2.390961 Which_Max 39.000000 Mad 0.755644 Var 1.001402 Std 1.000701 Skew－0.649478 Kurt 1.220109

7.6.3　Matplotlib 库

Matplotlib 库是一个 Python 语言的 2D 绘图库,它支持各种平台,并且功能强大,能够轻易绘制出各种专业的图像,比如直方图、波谱图、条形图、散点图等,并且通过调节参数可以非常轻松地实现图形的定制。

1.入门代码示例

下面我们先看一个最简单的代码示例,让我们感受一下 Matplotlib 是如何工作的:

```
import matplotlib.pyplot as plt
import numpy as np
data = np.arange(100, 201)
plt.plot(data)
plt.show()
```

这段代码的主体逻辑只有三行,但是它却绘制出了一个非常直观的线性图,如图 7-4 所示。

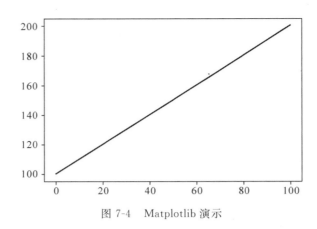

图 7-4　Matplotlib 演示

对照着这个线形图,我们来讲解一下三行代码的含义:

(1)通过 np. arange(100,201)生成一个[100,200]的整数数组,它的值是:[100,101,102,…,200]。

(2)通过 matplotlib. pyplot 将其绘制出来。很显然,绘制出来的值对应了图中的纵坐标(y 轴)。而 matplotlib 本身为我们设置了图形的横坐标(x 轴):[0,100](虽然实际上我们有 101 个值,但 matplotlib 比较智能)。

(3)通过 plt. show()将这个图形显示出来。

有些时候,我们可能希望一次绘制多个图形,例如,两组数据的对比,或者一组数据的不同展示方式等。可以通过下面将要提到的方法创建多个图形。

在 matplotlib 中可以简单理解为一个 figure 就是一个图形窗口。matplotlib. pyplot 会有一个默认的 figure,也可以通过 plt. figure()创建多个 figure 对象(窗口),然后显示多个图形。程序代码示例如下:

```
import matplotlib.pyplot as plt
import numpy as np
data = np.arange(100,201)
plt.plot(data)
data2 = np.arange(200,301)
plt.figure()
plt.plot(data2)
plt.show()
```

这段代码绘制了两个窗口的图形,它们各自是一个不同区间的线形图,执行效果如图 7-5 所示。

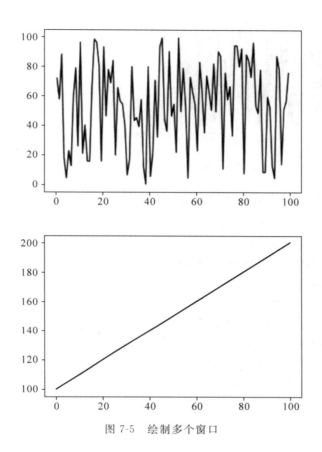

图 7-5　绘制多个窗口

有些情况下,我们是希望在同一个窗口显示多个图形。此时就要用多个 subplot。

```
import matplotlib.pyplot as plt
import numpy as np
data = data1 = np.random.randint(0,100,size = 100)
plt.subplot(2, 2, 1)
plt.plot(data)
data2 = np.arange(200, 301)
plt.subplot(2, 2, 2)
plt.plot(data2)
plt.show()
```

这段代码中,除了 subplot()函数之外都是我们熟悉的内容。subplot()函数的前两个参数指定了 subplot 数量,即它们是以矩阵的形式来分割当前图形,两个整数分别指定了矩阵的行数和列数。而第三个参数是指矩阵中的索引。因此,plt.subplot(2,2,1)指定画布是 2 * 2 的,共四个网格,1 则表明在第一个网格中绘制图形,plt.subplot(2,2,2)则表示要在第二个网格中绘制图形。如图 7-6 所示为这段程序代码的运行结果。

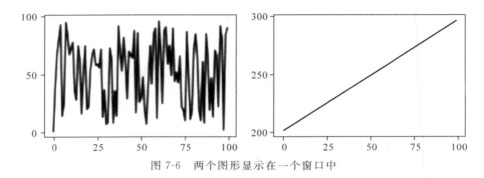

图 7-6　两个图形显示在一个窗口中

如果将程序代码进行以下修改：

```
import matplotlib.pyplot as plt
import numpy as np
data = data1 = np.random.randint(0,100,size = 100)
plt.subplot(2, 2, 1)
plt.plot(data)
data2 = np.arange(200, 301)
plt.subplot(2, 2, 2)
plt.plot(data2)
plt.subplot(2, 2, 3)
plt.subplot(2, 2, 4)
plt.show()
```

上述代码执行后的效果如图 7-7 所示，请读者观察图 7-7 和图 7-6 的区别，思考是什么导致了这样的结果。

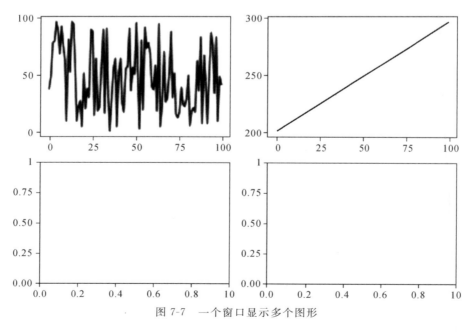

图 7-7　一个窗口显示多个图形

2. 常用图形示例

Matplotlib 可以生成非常多的图形式样，多到令人惊叹的地步。本节中我们主要学习最常用的一些图形的绘制。

（1）线性图

前面的例子中，线性图的横轴的点都是自动生成的，而我们很可能希望主动设置它。另外，线条我们也希望对其进行定制。请看下面这个例子：

```
import matplotlib.pyplot as plt
plt.plot([1, 2, 3], [3, 6, 9], '-r')
plt.plot([1, 2, 3], [2, 4, 8], ':g')
plt.show()
```

这段代码可以让我们得到如图 7-8 所示的图形。

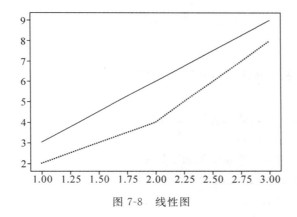

图 7-8　线性图

这段代码说明：plot()函数的第一个数组是横轴的值，第二个数组是纵轴的值，所以它们一个是直线，一个是折线；最后一个参数是由两个字符构成的，分别是线条的样式和颜色。前者是红色的直线，后者是绿色的点线。

（2）散点图

scatter()函数用来绘制散点图。同样，这个函数也需要两组配对的数据指定 x 和 y 轴的坐标。下面是一段程序代码示例：

```
import matplotlib.pyplot as plt
import numpy as np
N = 20
plt.scatter(np.random.rand(N) * 100, np.random.rand(N) * 100,
c = 'r', s = 100, alpha = 0.5)
plt.scatter(np.random.rand(N) * 100, np.random.rand(N) * 100,
c = 'g', s = 200, alpha = 0.5)
plt.scatter(np.random.rand(N) * 100, np.random.rand(N) * 100,
c = 'b', s = 300, alpha = 0.5)
plt.show()
```

上述代码含了三组数据,每组数据都包含 20 个随机坐标的位置,参数 c 表示点的颜色,s 是点的大小,alpha 是透明度。这段代码绘制的图形如图 7-9 所示。

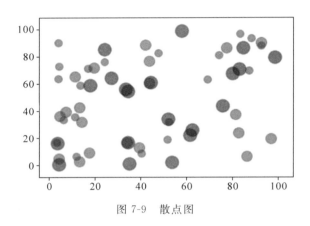

图 7-9　散点图

(3)饼状图

pie()函数用来绘制饼状图。饼状图通常用来表达集合中各个部分的百分比。下面是一段程序代码示例:

```
import matplotlib.pyplot as plt
import numpy as np
labels = ['Mon', 'Tue', 'Wed', 'Thu', 'Fri', 'Sat', 'Sun']
data = np.random.rand(7) * 100
plt.pie(data, labels = labels, autopct = '%1.1f%%')
plt.axis('equal')
plt.legend()
plt.show()
```

data 是一组包含 7 个数据的随机数值,图中的标签通过 labels 来指定,autopct 指定了数值的精度格式,plt.axis('equal')设置了坐标轴大小一致,plt.legend()指明要绘制的图例(见图 7-10 的右上角)。这段代码输出的图形如图 7-10 所示。

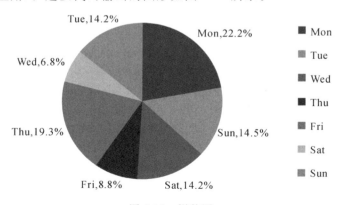

图 7-10　饼状图

（4）条状图

bar()函数用来绘制条形图。条形图常用来描述一组数据的对比情况,例如,一周七天,每一天的城市车流量。下面是一段程序代码示例:

```
import matplotlib.pyplot as plt
import numpy as np
N = 7
x = np.arange(N)
data = np.random.randint(low = 0, high = 100, size = N)
colors = np.random.rand(N * 3).reshape(N, -1)
labels = ['Mon', 'Tue', 'Wed', 'Thu', 'Fri', 'Sat', 'Sun']
plt.title("Weekday Data")
plt.bar(x, data, alpha = 0.8, color = colors, tick_label =
labels)
plt.show()
```

图 7-11 展示了一组包含 7 个随机数值的结果,每个数值是[0,100]的随机数 它们的颜色也是通过随机数生成的。np.random.rand (N * 3).reshape(N, -1)表示先生成 21(N * 3)个随机数,然后将它们组装成 7 行,那么每行就是三个数,这对应了颜色的三个组成部分。title 指定了图形的标题,labels 指定了标签,alpha 是透明度。这段代码输出的图形如图 7-11 所示。

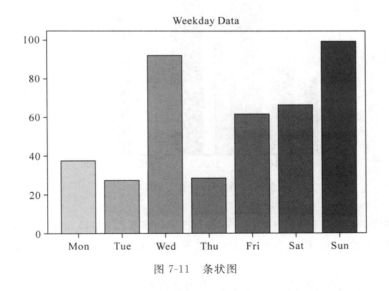

图 7-11　条状图

（5）直方图

hist()函数用来绘制直方图。直方图看起来与条形图有些类似,但它们的用途是不一样的。直方图更多地用于表示数据中某个范围内数据出现的频度,或者用于数据对比等。这么说有些抽象,下面我们通过一个示例来描述:

```
import matplotlib.pyplot as plt
import numpy as np
data = [np.random.randint(0, n, n) for n in [3000, 4000,
5000]]
labels = ['3k', '4k', '5k']
bins = [0, 100, 500, 1000, 2000, 3000, 4000, 5000]
plt.hist(data, bins = bins, label = labels)
plt.legend()
plt.show()
```

上面这段代码中,[np.random.randint(0, n, n) for n in [3000, 4000, 5000]]生成了包含三个数组的数组,这其中:第一个数组包含了 3000 个随机数,这些随机数的范围是[0, 3000);第二个数组包含了 4000 个随机数,这些随机数的范围是[0, 4000);第三个数组包含了 5000 个随机数,这些随机数的范围是[0, 5000)。

bins 数组用来指定我们显示的直方图的边界,即[0, 100)会有一个数据点,[100, 500)会有一个数据点,以此类推,所以最终结果会显示 7 个数据点。同样的,我们指定了标签和图例。这段代码输出的图形如图 7-12 所示。

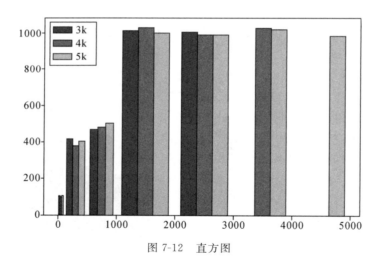

图 7-12 直方图

在这幅图中,我们看到,三组数据在 3000 以下都有数据,并且频度是差不多的。但蓝色条只有 3000 以下的数据,橙色条只有 4000 以下的数据。这与我们的随机数组的数据刚好吻合。

以上给出了 Matplotlib 的大致使用方法和几种最基本的图形的绘制方式。需要说明的是,Matplotlib 功能非常强大,这里我们只给出了这些函数和图形最基本的使用方法。但实际上,它们的功能远不止这么简单,有兴趣的读者可以进行深入的学习。

7.7　习　题

（1）使用 random 库生成一个包含是十个[0,100]的随机数列表。

（2）使用 pickle 库将列表[1,2,3,'a','b','c']存储文件 binfile.txt，再从 binfile.txt 中将列表读出，并显示到屏幕上。

（3）设计一个窗体，并放置一个按钮，按钮默认文本为"开始"，单击按钮后文本变为"结束"，再次单击后变为"开始"，循环切换。

（4）使用 numpy 库，编写程序，实现两个矩阵相乘。

（5）设计一个窗体，模仿聊天软件 QQ 的登录界面，当用户输入账号为 12345678 和密码 abc123 时，显示登录成功！

（6）编写代码读取搜狐网页首页内容。

（7）自己设计一个 Python 程序，然后利用第三方库或者工具，将其转化为 Windows 中的可执行程序（exe 程序）。

（8）编写程序，检测自己电脑的操作系统类型和版本。

第 8 章

综合实训

本章通过几个例子来展示 Python 语言在日常生活、工作、学习中的运用,这些例子会涉及多种 Python 库,在演示和讲解过程中会对这些库中的函数、变量、类等进行简要介绍。如果读者想了解更多的,请查阅 Python 官方文档,参考网址:https://pypi.org,https://www.python.org。

8.1　网站数据抓取与展示

8-1 网页抓取

https://book.douban.com/latest? icn＝index-latestbook-all,这是豆瓣的一个新书速递网站。本练习的目的是爬取此网站中的书名,并利用书名制作词云图(wordcloud)。

8.1.1　程序代码

```
import matplotlib.pyplot as plt
import requests
from wordcloud import *
from bs4 import *

url = " https://book. douban. com/latest?  icn = index -
latestbook – all"
    r = requests. get(url)
ls_bookname = []
soup = BeautifulSoup(r.text,'html.parser')
tags = soup. find_all(class_＝'detail – frame')
for tag in tags:
    ls_bookname. append(tag. a. get_text(strip＝True))
space = ''
str = space. join(ls_bookname)
```

```
      wordcloud = WordCloud ( font _ path = " C:/Windows/Fonts/
   simfang.ttf",
                              background_color = "white",
                              width = 1000,
                              height = 880).generate(str)
      plt.imshow(wordcloud,interpolation = "bilinear")
      plt.axis('off')
      plt.show()
```

8.1.2　运行效果

上述代码运行后效果如图 8-1 所示。

图 8-1　词元图

8.1.3　程序说明

首先,调用 requests 构造 http 请求:

url = "https://book.douban.com/latest? icn = index - latestbook - all"

r = requests.get(url)

其次,我们需要对该网站的 html 文件内容进行分析(在浏览器中右键查看页面源代码),寻找如何提取书名信息。从图 8-2 可见书名位于< div class = "detail - frame">标签内。故调用 BeautifulSoup 相关函数进行书名提取:

```
      soup = BeautifulSoup(r.text,'html.parser')
      ls_bookname = []
      tags = soup.find_all(class_ = 'detail - frame')
      for tag in tags:
          ls_bookname.append(tag.a.get_text(strip = True))
```

```
▼ <div class="detail-frame">
  ▼ <h2>
      <a href="https://book.douban.com/subject/30339988/">无中生有</a>
    </h2>
  ▶ <p class="rating">⋯</p>
```

图 8-2　网页源代码分析

再次,调用 WordCloud 库生成词云:

```
str = space.join(ls_bookname)
wordcloud = WordCloud(font_path = "C:/Windows/Fonts/
simfang.ttf",
                      background_color = "white",
                      width = 1000,
                      height = 880).generate(str)
```

最后,我们使用 matplotlib 库显示词云图片:

```
plt.imshow(wordcloud, interpolation = "bilinear")
plt.axis('off')
plt.show()
```

8.2　网络端口扫描

在网络中,真正进行通信的是计算机中的应用程序(或者说进程),一台计算机可能会同时运行多个程序,与网络中的其他主机进行通信,而主机在收到一个数据的时候,是如何区分该把这个数据交给哪个应用程序呢? 操作系统会将每个进行网络通信的程序都对应到一个端口上,不同的应用程序使用不同的端口。本练习将要使用 Python 实现一个简易的端口扫描器,用于检测目标主机都开放了哪些端口。

扫描原理:与指定 IP 地址和端口号建立 TCP 连接,若建立过程中发生错误或超时则说明端口是关闭的,若成功建立则说明端口是开放的。20,21,22,23,80,135,443,445,3389,8080 这是一些常见的容易引发安全问题的端口号。本程序接收目标 IP 地址,然后对这些端口进行扫描。

8.2.1　程序代码

```
# - * - coding: utf - 8 - * -
import socket
from threading import *
import time
timeout = 5
```

```
socket.setdefaulttimeout(timeout)

def Scan(host,port):
    try:
        s = socket.create_connection((host,port))
        print("Port: % d is open\n" % port)
        s.close()
    except Exception as e:
        print("Port: % d is closed\n" % port)

def scanPorts(host,ports):
    for port in ports:
        t = Thread(target = Scan,args = (host,port))
        t.start()

def main():
    ip = input("Please enter the target ip address:")
    ports = [20,21,22,23,80,135,443,445,3389,8080]
    scanPorts(ip,ports)

if __name__ == "__main__":
    main()
```

8.2.2　运行效果

首先,通过 ping 获取 IP(百度网站的 IP 地址并不固定,是变化的),然后用百度网站的 IP 地址进行测试。如图 8-3 所示。

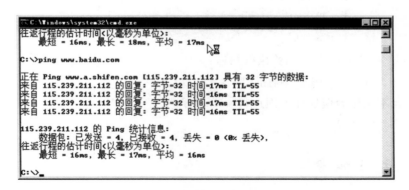

图 8-3　测试百度的 IP 地址

其次,运行程序,根据提示将该 IP 输入程序中。如图 8-4 所示。

扫描结果如图 8-4 所示。从结果上看,百度网站的 80(http)和 443(https)端口是开放的,其他的常用端口是关闭口。

```
=========================== RESTART: E:\myscan.py ==
Please enter the target ip address:115.239.211.112
Port:443 is open
Port:80 is open
>>>

Port:20 is closed

Port:21 is closed
Port:23 is closed
Port:22 is closed
Port:135 is closed
Port:445 is closed
Port:3389 is closed
Port:8080 is closed
```

图 8-4　端口扫描结果

8.2.3　程序说明

首先,建立 TCP 连接:

```
try:
    s = socket.create_connection((host,port))
    print("Port:%d is open\n" % port)
    s.close()
except Exception as e:
    print("Port:%d is closed\n" % port)
```

其次,为了加快扫描速度,将端口分配到多个线程中进行扫描任务:

```
def scanPorts(host,ports):
    for port in ports:
        t = Thread(target = Scan,args = (host,port))
        t.start()
```

最后,调用主程序 main()函数执行扫描:

```
if __name__ == "__main__":
# 不是作为模块导入则运行 main()函数
    main()
```

8.3　文件加密

加密技术是数据保密的有效方法,现代计算机应用与网络通信的安全几乎都是建立在密码学的基础上的,即使是前沿的量子通信,也同样采用现代密码技术,比如非对称加密。本练习采用公开的数据加密算法 AES(Advanced Encryption Standard)设计一个程序,实现对指定文件的加密与解密。

AES 是一种对称密钥加密技术，具有很好的抗破解性。AES 共有五种加密模式，本次选择的是 CBC(Cipher Block Chaining)模式，大致原理为：先将明文切分为若干小段，然后将初始小段与初始向量(IV)进行异或，用密钥加密。后每一小段与前一密文段进行异或后用密钥进行加密。为了方便，程序使用固定的密钥值(Asixteenykey1234)和初始向量值(Asixteenyiv12345)，两个值均需为 16 的倍数，程序使用的加解密库是 pycryptodome。

8.3.1　程序代码

(1)加密程序 encrypt.py：

```
# - * -coding:utf - 8 - * -
from Crypto.Cipher import AES
from Crypto import Random
key = b'Asixteenykey1234'
iv = b'Asixteenyiv12345'
#提取文件和路径名,生成加密后的文件名
file = input('Please enter the file path:').strip('\"')
path = file[:file.rfind('\') + 1]
filename = file[file.rfind('\') + 1:]
encrypt_filename = 'en' + filename
encrypt_file = path + encrypt_filename
#读取文件内容
with open(file,'rb') as f:
    contents = f.read()
#加密并写入文件中
contents + = (16 - len(contents) % 16) * b'\0'
cipher = AES.new(key,mode = AES.MODE_CBC,IV = iv)
encrypt_contents = cipher.encrypt(contents)
with open(encrypt_file,'wb') as f:
    f.write(encrypt_contents)
print("create encrypted file:% s" % encrypt_file)
```

(2)解密程序 deecrypt.py：

```
# - * -coding:utf - 8 - * -
from Crypto.Cipher import AES
from Crypto import Random
key = b'Asixteenykey1234'
iv = b'Asixteenyiv12345'
#提取文件和路径名,生成解密后的文件名
file = input('Please enter the file path:').strip('\"')
```

```
path = file[:file.rfind('\') + 1]
filename = file[file.rfind('\') + 1:]
decrypt_filename = 'de' + filename
decrypt_file = path + decrypt_filename
#读取文件内容
with open(file,'rb') as f:
    contents = f.read()
#解密并写入文件中
cipher = AES.new(key,mode = AES.MODE_CBC,IV = iv)
decrypt_contents = cipher.decrypt(contents).strip(b'\0')
with open(decrypt_file,'wb') as f:
    f.write(decrypt_contents)
print("create decrypted file:%s" % decrypt_file)
```

8.3.2　运行效果

假设计算机的 E 盘下有文件 test.txt，内容如图 8-5 所示。

图 8-5　test.txt 文件内容

运行 encrypt.py，将 C:\test.txt 文件加密，会产生一个加密的文件 entest.txt，效果如图 8-6 所示。

```
============================ RESTART: E:\encrypt.py ===
Please enter the file path:e:\test.txt
create encrypted file:e:\entest.txt
>>> 
```

图 8-6　加密程序执行结果

如果将 entest.txt 打开，可以看到其中是乱码，如图 8-7 所示，文件内容已经是人无法阅读的乱码，表示 E:\entest.txt 加密成功。

图 8-7　文件被加密后的结果

运行 decrypt. py 对 E:\deentest. txt 文件进行解密,运行效果图 8-8 所示。

```
=========================== RESTART: E:\decrypt.py ==
Please enter the file path:e:\entest.txt
create decrypted file:e:\deentest.txt
>>> |                                    I
```

图 8-8 文件解密过程

8.4 学生成绩管理系统

本例将要制作一个学生成绩管理系统,通过该系统对学生成绩进行管理,比如常见的添加、修改、删除、查询等。同时还可以将成绩存盘,即使关闭系统,下次打开系统时依然可以将之前录入的成绩读出。该程序非常小巧,整体代码不超过 100 行。

8-2 学生成绩系统

8.4.1 程序代码

```python
    # data structure is {stu_no:{'n':name,'p':Python,'e':
english,'m':math}}
    # dic1 is global, so it can be used by all the function
import pickle
dic1 = {}

def show(dic1 = {}):
    print('[ * ] the following is all the items in system')
    for item in dic1.items():
        print(item)

def add(stuno,name = '',Python = 0,english = 0,math = 0):
    # use all
    print('[ * ] now is adding new item')
    global dic1
    key = stuno
    value = {'n':name,'p':Python,'e':english,'m':math}
    newitem = {key:value}
    dic1.update(newitem)
    print('[ * ] finished')

def update(stuno,name = '',Python = 0,english = 0,math = 0):
    # update an item
```

```
        global dic1
        if stuno in dic1:
            dic1[stuno] = {'n':name,'p':Python,'e':english,'m':math}
            print('update succcess')
        else:
          print('update fails')


    def delitem(stuno):
        global dic1
        if stuno in dic1:
            del dic1[stuno]
            print('delete succcess')
        else:
            print('delete fails')


    def save():
        global dic1
        f = open('studentinfo','wb')
        pickle.dump(dic1,f)
        f.close()
        print('save finished!')


    def load():
        global dic1
        f = open('studentinfo','rb')
        dic1 = pickle.load(f)
        f.close()

        print('load finished!')


    def query(stuno):
        global dic1
    if stuno in dic1:
            print(stuno,dic1[stuno])
        else:
            print('no ', stuno)
```

```
    while True:
        print('+ + + + + + + + + + + + + + + + + + + + + +
+ + + + + + + + + + + + + +')
        print('System accept the following command:')
        print('1 - show all item','2 - add an item', '3 - update an
item', '4 - del an item')
        print('5 - query','6 - save','7 - load', '8 - quit')
        print('+ + + + + + + + + + + + + + + + + + + + + +
+ + + + + + + + + + + + + +')

        cmd = input('please input your choice: ')
        cmd = int(cmd)
        if cmd == 1:
            # call function show()
            show(dic1)
        if cmd == 2:
            # call function add()
            stuno = input('please input student number: ')
            name = input('please input student name: ')
            Python = input('please input Python score: ')
            english = input('please input english score: ')
            math = input('please input math score: ')
            add(stuno,name,Python,english,math)
        if cmd == 3:
            stuno = input('please input student number: ')
            name = input('please input student name: ')
            Python = input('please input Python score: ')
            english = input('please input english score: ')
            math = input('please input math score: ')

            update(stuno,name,Python,english,math)

        if cmd == 4:
            stuno = input('please input student number: ')
            delitem(stuno)
        if cmd == 5:
            stuno = input('please input student number: ')
            query(stuno)
```

```
if cmd == 6 :
    # save all item to file c:\student.txt
    save()

if cmd == 7 :
    load()
if cmd == 8 :
    print("Quiting...over!")
    break
```

8.4.2 程序说明

程序用到了 pickle 库,pickle 是 Python 语言的一个标准模块,安装 Python 后已包含 pickle 库,不需要再单独安装。pickle 模块实现了基本的数据序列化和反序列化。通过 pickle 模块的序列化操作我们能够将程序中运行的对象信息保存到文件中去,永久存储;通过 pickle 模块的反序列化操作,我们能够从文件中创建上一次程序保存的对象。

序列化就是指直接将内存对象写入文件,而不需要进行处理。比如在文件那一章中,我们介绍过在将序列写入文件的时候经常需要对序列进行预处理,然后才能写入文件。而且从文件中读出序列的时候,也需要一些处理才能将其还原成之前的序列。通过 pickle 则可以将一个序列直接写入到文件中(以二进制的方式),而如果从这个文件中读出这些数据的话就可还原出之前的序列。当然,pickle 处理的数据不止有序列,字典或元组等其他数据类型也是可以的。

首先我们通过语句 dic1={}定义了一个全局的 dic1,这样做的好处是后面定义的各个函数都可以访问、修改和使用 dic1。系统中一个学生的基本信息包括:学号(stuno)、姓名(n)、Python 成绩(p)、英语成绩(e)和数学成绩(m)。

show(dic1={})函数主要用于显示 dic1 中含有的数据,即显示成绩管理系统中学生的基本信息与各科成绩。

add(stuno,name = '',Python = 0,english = 0,math = 0)函数的功能是将学生信息与成绩信息录入到系统中,具体地说就是存入到 dic1 中。

update(stuno,name = '',Python = 0,english = 0,math = 0)函数则用于对系统中学生信息或成绩进行更新,其更新方式是要指明学生的学号具体是多少。

delitem(stuno)函数用于从系统中删除一个学生的信息,删除的方式是给出学生的学号。

save()函数的程序代码如下:

```
def save():
    global dic1
    f = open('studentinfo','wb')
    pickle.dump(dic1,f)
    f.close()
    print('save finished! ')
```

save()函数的功能是将当前系统中的数据进行存盘，即将 dic1 以二进制方式写入到硬盘中的 studentinfo 文件中。这里大家要注意 open 函数与 pickle 模块的 dump 方法的联合使用。要先用 open 函数将文件以二进制方式（wb）打开，然后用 dump 方法将二进制数据写入，最后用 close 方法关闭文件。

load()函数则用于加载存盘的数据，其程序代码如下：

```
def load():
    global dic1
    f = open('studentinfo','rb')
    dic1 = pickle.load(f)
    f.close()
    print('load finished! ')
```

load()函数的用法与 dump()函数正好相反，其作用是从磁盘文件中读取二进制数据。它首先用 open 方法以 rb 的方式打开二进制文件，然后用 load 方法读取，最后用 close 方法关闭。系统则通过这一过程将之前存盘的数据加载到系统中。

query()函数用于检索学生信息，当给定学号后(stuno)，该方法可在 dic1 中检索到与之对应的数据条目（包括 key 与 value）。

当系统运行时会进入到 while 的无限循环，之后提示用户输入控制命令(1－8)，然后根据用户的输入进行相应的操作。

8.4.3　运行效果

1. 系统启动

系统启动效果如图 8-9 所示。

```
C:\>python python学生成绩管理系统.py
+++++++++++++++++++++++++++++++++++++
System accept the following command:
1-show all item 2-add an item 3-update an item 4-del an item
5-query 6-save 7-load 8-quit
+++++++++++++++++++++++++++++++++++++
please input your choice:
```

图 8-9　系统启动后界面

2. 添加数据

选择 2，首先添加一条信息，学号 001，姓名为小明，三科成绩分别是 10,20,30；再添加一条信息，学号 002，姓名为小马，三科成绩分别是 70,80,90。如图 8-10 和图 8-11 所示。

```
C:\>python python学生成绩管理系统.py
+++++++++++++++++++++++++++++++++++++++++
System accept the following command:
1-show all item 2-add an item 3-update an item 4-del an item
5-query 6-save 7-load 8-quit
+++++++++++++++++++++++++++++++++++++++++
please input your choice: 2
please input student number: 001
please input student name: 小明
please input python score: 10
please input english score: 20
please input math score: 30
[*] now is adding new item
[*] finished
.........................................
```

图 8-10　添加小明的成绩信息

```
+++++++++++++++++++++++++++++++++++++++++
System accept the following command:
1-show all item 2-add an item 3-update an item 4-del an item
5-query 6-save 7-load 8-quit
+++++++++++++++++++++++++++++++++++++++++
please input your choice: 2
please input student number: 002
please input student name: 小马
please input python score: 70
please input english score: 80
please input math score: 90
[*] now is adding new item
[*] finished
+++++++++++++++++++++++++++++++++++++++++
```

图 8-11　添加小马的成绩信息

3.显示系统当前的全部数据

选择 1,输出系统中全部学生信息。如图 8-12 所示。

```
+++++++++++++++++++++++++++++++++++++++++
System accept the following command:
1-show all item 2-add an item 3-update an item 4-del an item
5-query 6-save 7-load 8-quit
+++++++++++++++++++++++++++++++++++++++++
please input your choice: 1
[*] the following is all the items in system
('001', {'n': '小明', 'p': '10', 'e': '20', 'm': '30'})
('002', {'n': '小马', 'p': '70', 'e': '80', 'm': '90'})
+++++++++++++++++++++++++++++++++++++++++
```

图 8-12　显示系统中全部数据

4.数据修改

选择 3,对小明的数据进行修改,将数学成绩改为 100,其他不变。如图 8-13 所示。

```
++++++++++++++++++++++++++++++++++++++
System accept the following command:
1-show all item 2-add an item 3-update an item 4-del an item
5-query 6-save 7-load 8-quit
++++++++++++++++++++++++++++++++++++++
please input your choice: 3
please input student number: 001
please input student name: 小明
please input python score: 10
please input english score: 20
please input math score: 100
update succcess
++++++++++++++++++++++++++++++++++++++
```

图 8-13　数据修改

5.查询数据

选择 5,查询小明的信息,看成绩是否发生到了改变。如图 8-14 所示。

```
++++++++++++++++++++++++++++++++++++++
System accept the following command:
1-show all item 2-add an item 3-update an item 4-del an item
5-query 6-save 7-load 8-quit
++++++++++++++++++++++++++++++++++++++
please input your choice: 5
please input student number: 001
001 {'n': '小明', 'p': '10', 'e': '20', 'm': '100'}
++++++++++++++++++++++++++++++++++++++
```

图 8-14　数据查询

6.系统存盘

选择 6,将数据写入到文件 studentinfo 中。如图 8-15 所示。

```
++++++++++++++++++++++++++++++++++++++
System accept the following command:
1-show all item 2-add an item 3-update an item 4-del an item
5-query 6-save 7-load 8-quit
++++++++++++++++++++++++++++++++++++++
please input your choice: 6
save finished!
++++++++++++++++++++++++++++++++++++++
```

图 8-15　系统保存

7.退出系统

选择 8,退出系统。如图 8-16 所示。

```
++++++++++++++++++++++++++++++++++++++
System accept the following command:
1-show all item 2-add an item 3-update an item 4-del an item
5-query 6-save 7-load 8-quit
++++++++++++++++++++++++++++++++++++++
please input your choice: 8
Quiting...over!
```

图 8-16　退出系统

参考文献

1. Python 官网：https://www. python. org

2. 菜鸟教程：http://www. runoob. com/python3

3. 简明 Python 教程：http://python. swaroopch. com

4. IDEL 使用：https://www. cnblogs. com/dsky/archive/2006/04/2535397. html

5. Python 模块库：https://pypi. org